AF495021

BULLETIN N° 62. — TOME X (1898-1899). FÉVRIER 1898.

LE PORTLANDIEN

DU BASSIN DE L'AQUITAINE

I. — APERÇU GÉOGRAPHIQUE

Le Portlandien du bassin de l'Aquitaine s'étend, dans les départements de la Charente et de la Charente-Inférieure, sur une longueur de 120 kilomètres : depuis Angoulême, à l'est, jusqu'à l'île d'Oléron, à l'ouest. Il forme une assez large bande de territoire, depuis Angoulême jusqu'aux environs de Saint-Jean-d'Angely (V. carte annexée). Mais à 10 kilomètres à l'ouest de cette ville, cette bande est brusquement interrompue par la transgressivité du Crétacé, venant recouvrir le Virgulien, jusqu'au nord de Rochefort. Le Portlandien ne se montrerait plus, vers l'Océan, puisqu'il est caché par le Cénomanien, si le plissement des couches ne le ramenait au jour, au sud et à l'ouest de Rochefort, où il constitue les deux ilots de Saint-Froult et de l'île d'Oléron. Ces deux ilots ont une faible superficie comparativement au premier. Celui-ci a la forme d'un trapèze dont les grands côtés alignés nord-ouest, sud-est, sont parallèles aux lignes d'affleurement, tandis que les petits côtés, qui sont les bases du trapèze, de direction est-ouest, coupent les lignes d'affleurement sous un angle de 45° environ. La bande ainsi définie a 55 kilomètres de long et 14 à 21 kilomètres de large ; elle occupe donc une surface de près de 900 kilomètres carrés. Ses points extrêmes sont : Angoulême, au sud-est ; Jarnac et Brizambourg, au sud-ouest ; Saint-Jean-d'Angely et les Nouillers (Charente-Inférieure), au nord.

De tous les terrains jurassiques du bassin de l'Aquitaine le Portlandien est celui dont les caractères lithologiques ont le plus influé sur les caractères géographiques.

Disons d'abord, pour plus de précision, que les sédiments qui servent de substratum au Portlandien inférieur (fig. 1) et constituent le Virgulien, sont formés de marnes et calcaires marneux, facilement délitables et sur lesquels, par suite, l'érosion a eu beau jeu. Le Portlandien inférieur, par contre, est constitué par des calcaires, en général très résistants, qui ont été à peine entamés par les agents atmosphériques ; aussi forment-ils un abrupt, une sorte de falaise, bordant et dominant la région virgulienne. Cette petite arête montagneuse sert de ligne de partage des eaux sur près de 40 kilomètres d'étendue. Ses sommets les plus élevés varient de 130 à 155 mètres, tandis que les altitudes de la bande virgulienne oscillent entre 100 et 130 mètres. Si l'on tient compte du fait que l'inclinaison générale des couches est nord-est, sud-ouest, le Portlandien inférieur devrait occuper (si l'ablation avait agi sur lui d'une façon aussi intense que sur le Virgulien) une altitude comprise entre 80 et 100 mètres.

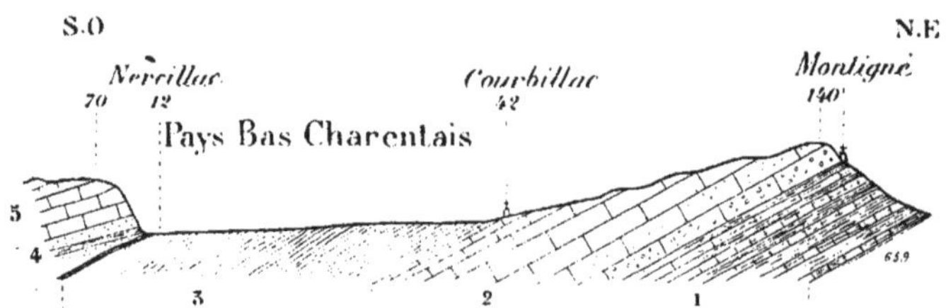

Fig. 1. — Coupe schématique de la région portlandienne de la Charente (18 kilom.).

Cette coupe est prise dans la partie la plus large des Pays-Bas charentais pour opposer les régions successives les unes aux autres. — 1. Virgulien, marnes et calcaires marneux. — 2. Portlandien calcaire. — 3. Argiles gypsifères. — 4. Grès et argiles cénomaniens. — 5. Calcaires cénomaniens.

A partir de l'abrupt porlandien, la contrée (fig. 1) constituée d'abord sur 10 à 12 kilomètres, par des calcaires oolithiques, gréseux ou sublithographiques assez durs, reprend une inclinaison marquée vers le sud-ouest. Un pays aussi plat que la Beauce, presque exclusivement formé par des argiles, succède à cette région calcaire et constitue les Pays-Bas charentais. Son altitude ne dépasse pas en général 30 mètres et s'abaisse jusqu'à 12 mètres. Les Pays-Bas sont limités et dominés à partir de Bourg-Charente, vers Cognac, Burie, Brizambourg, par une falaise crétacée dont l'altitude atteint 100 mètres et qui se comporte, avec encore plus de netteté, vis-à-vis de la plaine argileuse des Pays-Bas, comme le Portlandien inférieur se comporte vis-à-vis de la région virgulienne. La plaine des Pays-Bas est très irrégulière. D'abord réduite à une bande de 2 à 3 kilomètres de large, au nord de la vallée de la Charente, depuis les environs d'Hiersac (Charente), jusqu'au delà de Jarnac, elle s'élargit brusquement (nous en verrons plus loin la cause) à partir de la vallée du Tourtrat où elle n'a pas moins de 10 à 13 kilomètres, puis à partir de Matha et Brizambourg, elle se rétrécit de nouveau rapidement et se termine en pointe vers Aumagne et Saint-Même (Charente-Inférieure). Sa superficie est de 200 kilomètres carrés environ.

Toute la contrée formée par le Portlandien calcaire était couverte de vignes avant l'invasion du phylloxéra ; aujourd'hui, les vignobles sont presque exclusivement cantonnés dans les Pays-Bas. Là où affleure l'argile, prospère la vigne et là seulement. Ce fait tient à ce que le sol étant constamment imprégné d'eau, le phylloxéra ne peut y vivre.

Dans toute la région calcaire, les sources sont très rares, et les eaux pluviales se perdent rapidement dans les mille fissures du sol. Aussi le contraste est-il frappant lorsqu'on quitte ce pays sec et pierreux, où ne pousse qu'une maigre végétation, que les chaleurs de l'été étouffent souvent, et qu'on pénètre dans les Pays-Bas couverts de ces riches vignobles qui fournissent les eaux-de-vie et les cognacs dont la réputation est universelle.

La plaine argileuse ayant une pente insensible, les ruisseaux qui la sillonnent coulent difficilement et forment des méandres et des lacis des plus curieux. Les eaux ayant pu s'étendre assez loin, à la surface d'un sol aussi plat et aussi imperméable, les rivières ont creusé des vallées très larges, si l'on considère le volume d'eau qu'elles ont roulé ou qu'elles roulent encore.

Le gypse affleure en de nombreux points des Pays-Bas. Il est activement exploité aux Moulidards, à Champ-Blanc, à Orlut (Charente), à Blanzac (Charente-Inférieure). Les anciennes carrières de Bassac, de Triac, de Bel-Air, etc., sont abandonnées.

Les îlots portlandiens situés vers l'Océan ont une surface assez restreinte; celui de Saint-Froult a, au maximum, 10 kilomètres de long et 2 kilomètres de large. Il s'appuie au nord-est contre le Cénomanien, tandis qu'au sud-ouest il est bordé par des marais salants.

Le Portlandien de l'île d'Oléron, aligné également nord-ouest, sud-est, présente une disposition inverse de celui de Saint-Froult, car les marais salants le recouvrent au nord-est et le Crétacé au sud-ouest. Les affleurements portlandiens qui constituent ces deux îlots forment l'axe d'un anticlinal dirigé du nord-ouest au sud-est et bordé au nord et au sud par le Cénomanien.

II. — HISTORIQUE

Je n'entreprendrai pas de rééditer ici, avec détails, les découvertes relatives au Portlandien des Charentes, faites avant la publication du mémoire de Coquand en 1860. Cet auteur en a donné une mention très détaillée dans sa *Description géologique de la Charente.*

Marot, Cressac et Manès[1] fournirent les premiers quelques notions sur le Portlandien de la Charente, d'Orbigny[2] y ajouta plusieurs découvertes d'ordre sur-

[1] *Cressac et Manès.* Notice géognostique sur le bassin secondaire compris entre les terrains primitifs du Limousin et ceux intermédiaires de la Vendée, 1830.
Manès. Description géologique de la Charente-Inférieure, 1853.
[2] *D'Orbigny.* Cours élémentaire de paléontologie et de géologie stratigraphique.

tout paléontologique (découvertes des *Am. gigas, rotundus*, de *Nerinea santonensis*, etc., à Saint-Jean-d'Angely, à l'île d'Oléron et aux environs d'Angoulême).

Jusqu'à cette époque, on considérait les argiles gypsifères comme appartenant au Crétacé, au Wealdien. D'Archiac, dans son *Histoire des Progrès de la géologie*, entrevit cependant la véritable position de ces argiles. Manès et surtout Coquand montrèrent qu'elles étaient d'âge portlandien. Ce dernier les sépara nettement des calcaires portlandiens, sur lesquels elles reposent. Il décrivit avec détails les carrières de gypse alors exploitées, mais il eut le tort de généraliser à outrance et de vouloir trouver dans toutes les carrières la même série sédimentaire. C'est précisément l'inverse que l'on constate dans les dépôts lagunaires où le gypse affecte une forme lenticulaire caractérisque.

La succession des assises portlandiennes comprenait, d'après Coquand : à la base une série de *bancs sableux* correspondant au Portland-sand; à la partie moyenne des *calcaires oolithiques*; et à la partie supérieure des *calcaires marneux et lithographiques*.

Cette série schématique n'est exacte en aucun point et l'attribution des bancs sableux au Portland-sand n'est pas davantage soutenable. Des formations lithologiques identiques n'impliquent pas forcément qu'elles aient été formées à la même époque; en outre, nous verrons plus loin que la série du Portlandien, au lieu d'être uniforme, présente des faciès très variés, ce qui a été méconnu par Coquand; c'est là d'ailleurs une des difficultés de l'étude de cette formation, qui, ainsi que je l'ai dit plus haut, comprend à elle seule tous les faciès présentés par les dépôts jurassiques du bassin de l'Aquitaine. A l'époque où Coquand publia son travail, la notion des faciès n'était pas encore suffisamment établie pour qu'il s'y attachât d'une manière efficace et en tînt compte comme on le fait aujourd'hui.

La paléontologie des assises a été esquissée par Coquand qui signala seize espèces dans le Portlandien, douze dans le Purbeckien. Je n'ai pas retrouvé les fossiles d'eaux douces dont il donne la liste. Ni Boisselier, ni moi, n'avons vu non plus *Trigonia gibbosa*, fossile qu'il signale en plusieurs points.

Enfin le savant géologue affirma d'une façon catégorique que les argiles gypsifères des Pays-Bas terminent la série jurassique. Nous verrons plus loin qu'il n'en est rien, puisqu'elles sont surmontées par 40 mètres de calcaires variés.

Notre regretté confrère Boisselier a malheureusement publié peu de choses sur le Portlandien. On ne connaît guère de lui que la légende des feuilles de La Rochelle et de Saint-Jean-d'Angely et une très courte note d'une demi-page sur le Portlandien des environs de Saint-Jean-d'Angely [1]. Nous aurons l'occasion de citer plus loin les faits qu'il avait observés.

Enfin, M. Toucas [2] a donné une coupe, un peu sommaire, du Portlandien des environs de Saint-Jean-d'Angely.

[1] *Boisselier*. Feuilles de Saint-Jean-d'Angely. *Bull. du Serv. de la Carte géol. de la France et des Top. sout.*, t. VI, 1893-94, p. 25-26.

[2] *A. Toucas*. Note sur les terrains jurassiques des environs de Saint-Maixent, Niort et Saint-Jean-d'Angely. *Bull. Soc. géol. de France*, 3e série, t. XIII, p. 433-436.

En résumé, on peut dire que depuis Coquand, en 1860, la bande portlandienne, qui s'étend depuis Angoulême jusqu'aux environs de Saint-Jean-d'Angely, n'a fait l'objet d'aucun travail important. Son étude méritait d'être reprise, c'est ce que j'ai essayé de faire. Ma tâche m'a été facilitée, grâce à la bienveillance que M. de Grossouvre m'a témoignée en me permettant de faire des courses sur le Jurassique supérieur de la feuille d'Angoulême. Il m'est agréable de lui exprimer ici ma reconnaissance. Je dois également de la reconnaissance à M. de Loriol, l'aimable et savant paléontologiste qui a consenti à examiner et à déterminer quelques-uns de mes échantillons. M. Douvillé m'a souvent aidé de ses conseils; je l'en remercie vivement. Je suis heureux d'assurer de ma gratitude M. Michel Lévy, directeur du Service de la Carte géologique de la France, pour l'intérêt qu'il veut bien porter à mes travaux. Je ne saurais oublier non plus que c'est dans le laboratoire de mon éminent maître, M. Gaudry, où j'ai toujours trouvé tant d'affectueuse bienveillance, que mon travail paléontologique a été fait.

III. — STRATIGRAPHIE

DIVISIONS DE L'ÉTAGE PORTLANDIEN

Le Portlandien du bassin de l'Aquitaine comprend, en général, trois termes assez bien définis :

1° A la base, des calcaires variés à Nérinées et à *Am. gigas*. *Portlandien infér.*

2° A la partie moyenne, un ensemble de calcaires en plaquettes, oolithiques ou sublithographiques à *Corbula mosensis*, *Corbula inflexa*, *Cyrena rugosa*. . . . . . *Portlandien moyen.*

3° A la partie supérieure, des argiles gypsifères et salifères à *Corbula inflexa* avec des calcaires subordonnés à *Gervilia arenaria*, *Plectomya rugosa* . . . . *Portlandien supér.*

Cette formation a une épaisseur qui varie de 80 à 200 metres environ.

PORTLANDIEN INFÉRIEUR

Ce sous-étage qui constitue la série des hauteurs s'étendent à partir d'Angoulême vers Saint-Genis, Montigné, Beauvais, jusqu'à Saint-Jean-d'Angely, offre des faciès variés que nous allons étudier successivement.

Un brusque changement s'est en effet produit à la fin du Kimméridgien.

Après avoir accumulé une épaisseur considérable de vases argileuses durant le Virgulien, la mer dépose des sédiments presque exclusivement calcaires au début du Portlandien. La différence entre les deux ordres de dépôts est habituellement des plus nettes. Le Virgulien, en effet, se termine par des marnes et des calcaires marneux et le Portlandien débute, en général, par des calcaires oolithiques. Cependant les courants ont amené au milieu de ces sédiments chimiques et parfois zoogènes, des sables et des argiles qui se sont intercalés à divers niveaux du Portlandien inférieur et ont fini même par prédominer, en certains points, sur les couches oolithiques.

Cet ensemble calcaréo-gréseux est surmonté par des calcaires compacts marneux, ou sublithographiques qui constituent la partie supérieure du Portlandien inférieur.

Tandis que les Gastropodes (*Nerinea*, *Chemnitzia*, *Natica*) dominent dans les dépôts oolithiques, les Lamellibranches, les Brachiopodes, les Échinides sont presque exclusivement cantonnés dans les dépôts gréseux, marneux ou calcaires où il sont accompagnés de quelques rares Ammonites.

Il est difficile de caractériser, par un mot, la série des dépôtsc omplexes d'un étage. C'est ici le cas. Les couches *supérieures* du Portlandien inférieur étant assez uniformément représentées par des marno calcaires, le terme que nous emploierons pour caractériser les faciès du Portlandien inférieur s'appliquera donc à la *base* de cet étage.

I. — Faciès oolithique à Nérinées.

Ce faciès s'étend des environs d'Angoulême jusque vers Saint-Genis. Il est surtout facile à observer à la montée de Saint-Yrieix, près de la gare de Venat, où la route coupe le Portlandien inférieur en tranchée; on le suit ensuite le

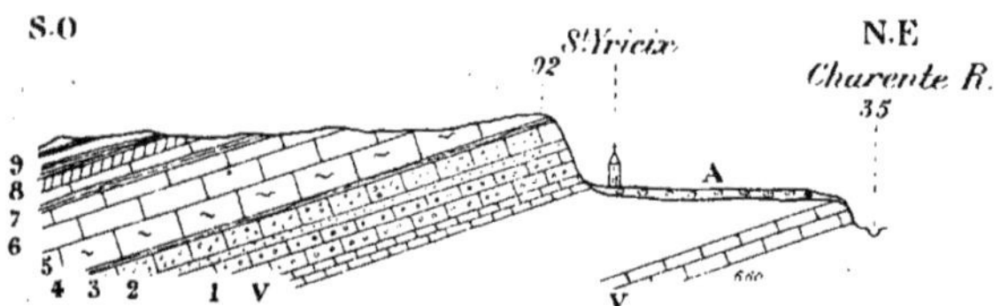

Fig. 2. - Coupe prise en partant de la Charente et en montant sur le plateau qui domine Saint-Yrieix (2 kilom.).

A. Terrasse d'alluvions anciennes de la Charente. — V. Virgulien. — 1-8. Portlandien inférieur (voir le texte pour l'explication des chiffres). — 9. Crétacé en discordance de stratification.

long de la ligne de chemin de fer vers Fléac. Il affleure aussi à la montée Sainte-Barbe et dans la vallée de la Nouère, à La Vigerie, à Asnières, etc. Dans ces divers points la série des couches est peu variable.

La coupe (fig. 2) prise en allant de Saint-Yrieix vers Fléac est une des plus nettes que je connaisse. Elle a beaucoup de rapports avec la coupe de La Vigerie à Hiersac (fig. 3).

Sur les calcaires marneux virguliens, V, à *Am. longispinus* et à Lamellibranches repose de haut en bas la série suivante :

9. Cénomanien en discordance de stratification.
8. Calcaire gris bleu, pointillé de rouge, alternant avec des marnes feuilletées à *Isocardia striata*, *Gervilia Kimmeridgiensis*, *Pleuromya Voltzi*, *Pholadomya tumida*.
7. Calcaire compact, noduleux, alternant avec des marnes feuilletées gris bleu.
6. Calcaire compact, sublithographique, à *Am. gigas* et grands Lamellibranches, *Cyprina Brongniarti*, *Trigonia* sp., *Cardium* sp., *Gervilia* sp.
5. Calcaire compact, gris bleu dans la profondeur, moucheté de rouge à *Am. gravesianus*, *Natica Marcousana*, *Pinna granulata*, *Cardium dissimile*, *Lucina* cf. *plebeia*, etc., 7 à 8 mètres.
4. Marnes feuilletées à Brachiopodes et à Ostracées : *Ter. subsella*, *Zeilleria* sp., *Rhynchonelle pinguis*, *Ostrea Bruntrutana*, fossiles très nombreux, 0m,80.
3. Calcaire oolithique pétri de Nérinées, faune de 1, 4 à 5 mètres.
2. Banc calcaréo-gréseux à *Harpagodes Oceani*, *Purpuroidea* sp., *Pholadomya* sp., *Ostrea Bruntrutana*, *Terebratula subsella*, *Hemicidaris Purbeckensis*, *Echinobrissus Peroni*, *Acrosalenia*, etc., 1m,50.
1. Calcaire oolithique blanc, en gros bancs, avec lits gréseux intercalés à *Itieria* sp., *Nerinea* du type de *N. trinodosa*, *N. Santonensis*, *N. Bruntrutana*, *N.* sp., *Pseudo-melania Clio*, *Pseudo-melania* cf. *Danae*, *Cerithium* sp., etc., 7 à 8 mètres.

Ce qu'il faut surtout retenir de cette coupe, c'est l'existence de trois niveaux bien définis :

1° *Niveau oolithico-gréseux à Nérinées* : *N. trinodosa*; *Pterocera Oceani*, et Échinides : *Hemicidaris Purbeckensis*, *Echinobrissus Peroni*, fossiles qui caractérisent le Portlandien inférieur d'autres régions. Aussi ai-je rangé ces couches à ce niveau, malgré l'absence de *Am. gigas* qui n'apparait que plus tard. Nous verrons d'ailleurs, plus loin, que ces couches oolithiques passent latéralement elles-mêmes à des calcaires à *Am. gigas*.

2° Le *niveau des marnes feuilletées à Brachiopodes et à Ostracées*, est très constant, sur près de 40 kilomètres; puis les Brachiopodes diminuent et il ne reste plus, vers Saint-Jean-d'Angely, que *Ostrea Bruntrutana* pour caractériser ce niveau.

3° Le *niveau à Am. gigas* qui, répétons-le, ne se montre ici qu'à la partie moyenne du Portlandien inférieur est surmonté par un ensemble de couches à *Gervilia*, *Pleuromya*, *Pholadomya*, *Cardium dissimile* et *Cyprina Brongniarti*.

Cette série sédimentaire, très complexe, puisqu'elle comprend des calcaires chimiques, des grès calcaires, des marnes et des calcaires compacts peut se paralléliser avec les couches à Nérinées du Jura (région de Lons-le-Saulnier), les calcaires du Barrois, dans la Meuse et la Haute-Marne et les sables et grès à *Am. gigas* du Boulonnais.

Les alternances de calcaires oolithiques, de grès, de calcaires compacts et de marnes indiquent un régime très instable. Il n'y a plus cette uniformité que l'on constatait durant le Virgulien. On doit donc s'attendre à voir se modifier latéralement les assises du Portlandien inférieur, sur des étendues assez faibles, et il deviendra difficile de synchroniser, d'une façon rigoureuse, les diverses assises qui constituent cet étage.

En se dirigeant vers Saint-Genis, on observe des changements importants.

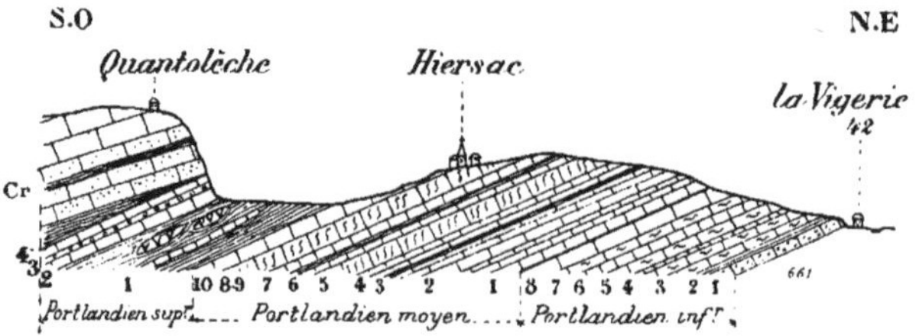

Fig. 3. — Coupe du Portlandien complet de La Vigerie à Quantolèche (7 kilom.).

Portlandien inférieur — 1. Calcaire oolithique à Nérinées (niveau supérieur). — 2. Marnes feuilletées à *Ter. subsella*. — 3. Calcaire pointillé de rouge à *Am. gigas*. — 4. Banc gréseux à *Pterocera Oceani*. — 5. Calcaire pointillé de rouge à *Am. gravesianus*, *Ostrea Bruntrutana*, etc. — 6. Calcaire feuilleté avec un banc lumachellaire à *Ostrea Bruntrutana*. — 7. Calcaire pointillé de rouge alternant avec des marnes feuilletées à *Cyprina Brongniarti*, *Cardium dissimile*. — 8. Calcaire compact alternant avec un calcaire pointillé de rouge à *Cardium dissimile* et *Pinna granulata*.

Portlandien moyen (v. texte, p. 14). *Portlandien supérieur* (v. texte, p. 13). *Cr. Crétacé*, argiles grès et calcaires cénomaniens.

Le Virgulien se termine bien par des calcaires marneux, mais des niveaux oolithiques s'y montrent intercalés, renfermant déjà, à Tonne, quelques Nérinées. Par contre les calcaires oolithiques inférieurs à Nérinées du Porlandien sont moins nettement visibles et leur puissance diminue vers Saint-Genis. Le deuxième niveau oolithique est également de moins en moins riche en Nérinées.

II. — Faciès marno-sableux.

A partir de Saint-Amand, les bancs de grès augmentent d'épaisseur en même temps qu'ils deviennent de plus en plus marneux et que les calcaires oolithiques inférieurs diminuent de puissance. La portion de territoire située au nord-est de Rouillac et de Saint-Cybardeaux est couverte de sables très fins, argileux, qui m'ont fort intrigué. Je les croyais tertiaires, mais diverses tranchées, notamment celle de la gare de de Saint-Cybardeaux, m'ont permis d'établir qu'ils appartiennent au Portlandien inférieur, et c'est parce qu'ils sont facilement délitables qu'ils forment de véritables arènes marno-sableuses. Ils renferment d'ailleurs des bancs de grès assez durs à *Ostrea Dubiensis* et reposent sur les couches oolithiques à Nérinées, assez réduites.

A la gare de Rouillac, les marnes sableuses affleurent également avec des bancs de grès et des calcaires oolithiques à *Am. gigas* intercalés.

Le niveau supérieur à *Am. gigas* et Lamellibranches est très constant. Il est entamé par la route, à Petit-Champs, où l'on peut recueillir une faune très riche : *Am. gigas*, *Natica Marcousana*, *Chemnitzia* sp., *Trigonia* sp., *Arcomya* sp., *Arca texta*, *Arca* sp., *Astarte* sp., *Lucina rugosa*, *Cardium pesolinum*, *Cardium Dufrenoycum*, *Pecten* cf. *Morini*, *Ostrea Bruntrutana*, etc.

III. — Faciès calcaire avec ilots réciformes.

Si l'on suit la série des assises qui s'étendent de Grosville à Rouillac, on observe la succession suivante de haut en bas :

4. Série des calcaires variés et des marnes sableuses de Rouillac à *Am. gigas* et à Lamellibranches.
3. Marnes feuilletées à Brachiopodes et à *Hemicidaris Purbeckensis*.
2. Calcaire marneux, un peu rougeâtre, à nombreux fossiles, mal conservés : *Harpagodes Oceani*, *Trichites Saussurei*, *Cardium* à test épais, *Arca*, *Pecten* et *Lima* très ornés, etc.
1. Calcaire oolithique blanc, pétri de fossiles en certains points, surtout de Lamellibranches, difficilement déterminables : *Cardium* sp., *Trigonia* sp., *Arca texta*, accompagnés de Nérinées peu abondantes et de *Ter. subsella*.

Au milieu des calcaires inférieurs s'intercalent, près de Grosville, des ilots de Polypiers, branchus et massifs, accompagnés de fossiles à test épais et très ornementés : *Lima*, *Pecten*, *Cardium*, etc. Autour des ilots réciformes on observe des nodules de silex gris bleuâtre, quelquefois de grande taille, qui semblent se fondre dans la masse récifale.

La présence de fossiles, à test épais et très ornés et l'existence de silex autour des ilots de Polypiers sont des caractères fréquemment observés dans les récifs, mais je n'ai pas trouvé d'Échinides.

Les ilots réciformes des environs de Rouillac, d'âge portlandien inférieur, font songer — sans que je veuille établir une comparaison rigoureuse — au grand récif de l'Échaillon, dont la partie moyenne semble du même âge. Toutefois on ne trouve pas, dans la Charente, à ce niveau, les calcaires blancs et compacts qui sont si développés dans la célèbre localité de l'Isère. Le faciès et la faune du Portlandien inférieur charentais sont également tout autres que ceux du Portlandien du bassin du Rhône.

IV. — Faciès calcaréo-sableux.

C'est aux environs de Montigné et d'Anville que ce faciès se montre avec la plus grande netteté. Le Portlandien débute par des bancs gréseux alternant avec des calcaires oolithiques brunâtres, à petits Gastropodes. Ces couches sont surmontées par 20 à 25 mètres de grès dont certains bancs sont imprégnés de calcaires, tandis que les autres sont exclusivement gréseux. Les bancs calcaires sont fossilifères; les bancs gréseux m'ont paru stériles.

Le niveau inférieur de ces grès est fourni approximativement par les sources abondantes qui se trouvent dans la région, car ils reposent sur des marnes virguliennes qui servent de niveau aquifère.

La route de Montigné à Anville et d'Anville à La Furie permet de suivre la succession des couches du Portlandien inférieur :

12. Calcaire compact à *Arca texta*, *Pecten* sp.
11. Calcaire marno-oolithique à Lamellibranches : *Pleuromya tellina*, *Gervilia*, *Cyprina* cf. *Brongniarti*, *Cardium*, etc.
10. Calcaires marneux à grands Lamellibranches et à *Am. gigas*.
9'. Marnes à *Exogyra Bruntrutana*.
9. Alternance de calcaires oolithiques à oolithes ovoïdes et Nérinées, avec des bancs de grès.
8. Calcaire oolithiques à Nérinées, $0^m,40$.
7. Gros banc de grès jaunâtre, $0^m,80$.
6. Calcaire oolithique avec lumachelle constituée par des débris de coquilles nombreuses et des Nérinées en abondance, 1 mètre.
5. Banc de grès grisâtre, $0^m,40$.
4. Calcaire gréseux avec nombreux moules de fossiles, $1^m,50$.
3. Série de couches gréseuses plus ou moins tendres, 5 à 6 mètres.
2. Calcaire oolithique à Nérinées et grands Lamellibranches (faible épaisseur).
1. Grès tendres formant des arènes. Plusieurs mètres d'épaisseur.

L'alternance de dépôts détritiques et de dépôts chimiques, plusieurs fois répétée, montre bien l'instabilité du régime marin au début du Portlandien inférieur. Mais à la partie supérieure de ce sous-étage il existe un niveau constant de calcaires, plus ou moins marneux à *Am. gigas*, s'étendant d'une façon continue depuis Angoulême jusqu'à Anville et nous allons le voir se poursuivre jusqu'à Saint-Jean-d'Angely.

Les calcaires gréseux et oolithiques se coïncent et se remplacent à des distances très rapprochées. Ils forment, depuis Angoulême, une série de lentilles superposées dont l'épaisseur varie rapidement. Les calcaires oolithiques sont exploités en un grand nombre de points : à Montigné, Anville, Fongrive, Vinerville, etc. Un des niveaux de Fongrive n'a pas moins de 8 mètres d'épaisseur ; il est fossilifère, mais les Nérinées qu'il renferme sont moins nombreuses qu'à Saint-Yrieix ; elles sont remplacées par des Lamellibranches à mesure que l'on se rapproche de Saint-Jean-d'Angely.

V. — Faciès calcaire à Lamellibranches.

A partir de Saint-Ouen et de Beauvais, les dépôts gréseux tendent à disparaître, l'élément calcaire, par contre va en augmentant, soit sous forme chimique (calcaire oolithique), soit sous forme détritique. Les Nérinées deviennent plus rares et les Lamellibranches prédominent dans tout le sous-étage.

Les calcaires oolithiques affleurent près de Beauvais et de Saint-Ouen ; ils renferment une faune assez riche ; malheureusement les fossiles sont mal conservés. J'y ai recueilli : *Nerinea* sp., *Arca texta*, *Arca* sp., *Trigonia* sp., *Corbis* sp., *Cardium* sp., *Lucina plebeia*.

Les niveaux à *Am. gigas* et à *Cyprina Brongniarti* s'observent sur les routes aboutissant aux deux localités précitées.

VI. — Faciès calcaréo-marneux à Céphalopodes.

A partir de Beauvais, le Portlandien inférieur se modifie, vers Saint-Jean-d'Angely, par suite de la diminution progressive des calcaires oolithiques et des grès et de leur remplacement par des calcaires marneux, crayeux ou suboolithiques. En même temps les Nérinées disparaissent et sont remplacées par des Lamellibranches. Je n'ai pas retrouvé d'Échinides dans ce faciès. De même aussi les Brachiopodes m'ont semblé très rares, les Céphalopodes sont plus nombreux et on les trouve depuis la base de la formation. On a depuis longtemps signalé la présence des *Ammonites gigas*, *rotundus* et *Irius*.

On peut suivre assez facilement la série des couches du Portlandien inférieur dans les tranchées du chemin de fer de Saint-Jean-d'Angely à Grandgent et dans la descente du Puits Poursay, sur la route de Saint-Savinien. J'y ai relevé la succession suivante :

6. Calcaire rognonneux, gris bleuâtre, à cassure lithographique, rares fossiles : *Cardium* sp.
5. Marne gréseuse avec lumachelle à *Exogyra Bruntrutana*.
4. Calcaire blanchâtre, compact, entremêlé de marnes feuilletées à *Pecten* sp., *Mytilus* sp., *Trigonia* sp.

3. Calcaire noduleux, gris bleu, avec nombreuses traces de vers, îlots gréseux et nodules de calcaire sublithographique. On a là par places une sorte de brèche. Cette zone comprend plusieurs niveaux marno-gréseux à *Exogyra Bruntrutana* et renferme *Am. rotundus*, des Lamellibranches et quelques Polypiers.
2. Calcaire compact, très dur, en bancs bien réglés, avec intercalation de niveaux bréchoïdes et de marnes à *Ex. Bruntrutana*.
1. Calcaire jaunâtre, gélif, avec oolithes ferrugineuses entremêlé de marnes : niveaux très fossilifères à *Am. gigas*, *Am. gravesianus*, *Arca texta* Rœm., *Cardium dissimile*, *Pecten* sp., *Trigonia* sp., *Mytilus* sp.

Environs de Rochefort et île d'Oléron. — Le Portlandien inférieur ne forme qu'un îlot sans importance, entouré par les dunes, au sud de l'île Madame. Il se montre également à Saint-Froult, d'après Boisselier, sous forme d'argiles gypseuses, passant latéralement à des calcaires tubulaires noir violet, recouverts par des calcaires jaunes à *Cardium dissimile* et à nombreux bivalves. Les assises inférieures du Portlandien (zone à *Am. gigas*) n'ont pas été signalées, à ma connaissance, dans cette région.

PORTLANDIEN MOYEN

Une certaine uniformité tend à s'établir dans les mers du nord du bassin de l'Aquitaine après le dépôt des assises du Portlandien inférieur. On ne trouve plus cette variété de sédiments : calcaires oolithiques, marneux, lithographiques, gréseux, grès, marnes, brèches, etc., qui caractérisaient le sous-étage précédent. Le régime marin est plus stable, car presque partout se déposent des calcaires ou des marno-calcaires, avec intercalations de couches oolithiques et crayeuses, peu épaisses, et par place des argiles gypsifères.

Ces calcaires qui se débitent en plaquettes sonores, en menus fragments, formaient, avant l'invasion du phylloxéra, un terrain excellent pour la culture de la vigne. Aujourd'hui, dans ce pays privé de sa principale source de richesse et manquant d'eau, il ne croit plus qu'un peu de blé et quelques céréales qui suffisent à peine à assurer la vie des habitants.

Le Portlandien moyen *calcaire* (V. carte annexée) forme une bande très inégale dans sa largeur. Tandis que sa limite inférieure est presque parallèle à la ligne d'affleurement du Portlandien inférieur, sa limite supérieure a une direction presque est-ouest, depuis les environs d'Hiersac jusqu'aux Arnauds, puis elle devient sud-ouest, nord-est jusqu'à Courbillac et sud-est, nord-est, presque en ligne droite, de Courbillac au delà de Matha. Cette bande forme donc une avancée, une sorte de cap dont Sigogne serait le centre.

Je range dans le Portlandien moyen la série des assises comprises au dessus des couches à *Cyprina Brongniarti* et *Cardium dissimile* et au dessous des argiles supérieures gypsifères de la Charente (j'expliquerai plus loin ce que j'entends par argiles gypsifères supérieures). Cet ensemble de couches est caractérisé par des Lamellibranches assez nombreux, mais difficilement déterminables car ils se présentent souvent à l'état de moule. Il faut signaler l'apparition de nombreux fossiles saumâtres (*Sphænia, Corbula, Cyrena*, etc.), que l'on trouve accompagnés parfois de nombreuses formes côtières (*Patella Ostrea, Mytilus, Cardium, Pecten, Corbicella, Lima*).

Les dépôts du Portlandien moyen se sont donc faits sous une faible profondeur d'eau. A la fin du Portlandien moyen, toute la région comprise entre Courbillac et le sud de Saint-Jean-d'Angely se transformera en une lagune d'évaporation où le sel et le gypse viendront former des lentilles, au milieu d'argiles grises ou noires.

Environs d'Hiersac. — Les environs d'Hiersac fournissent d'assez bonnes coupes du Portlandien moyen, mais comme parmi les fossiles de ce sous-étage, aucun ne forme un niveau constant, qu'en outre, les changements pétrographiques sont parfois assez fréquents sur une faible étendue, il s'ensuit que le parallélisme rigoureux des diverses assises est presque impossible.

Coupe prise le long de la route d'Angoulême à Hiersac, après La Vigerie (4 kilom.) (fig. 3).

10. Calcaire compact avec fissures de retrait.
9. Calcaire gris jaunâtre rognonneux.
8. Calcaire blanc marneux à *Corbula inflexa*.
7. Calcaire en plaquettes.
6. Calcaire en plaquettes alternant avec des marnes feuilletées.
5. Calcaire noduleux, dur, compact, à Lamellibranches : *Cardium* (*Protocardia*) *Purbeckensis, Corbicella Barrensis, Mytilus* sp.
4. Calcaire en plaquettes alternant avec des lits de marnes feuilletées grises.
3. Calcaire compact, en gros bancs, alternant avec des lits d'argile grise.
2. Calcaire blanc un peu marneux, à Lamellibranches, *Cardium collineum, Corbula Mosensis*.
1. Calcaire en plaquettes alternant avec des marnes feuilletées.

Je crois utile de donner deux autres coupes prises à peu de distance de la précédente; elles se complètent mutuellement et suivent la ligne du chemin de fer d'Asnières à Hiersac. — La première correspond à la partie inférieure de Portlandien moyen, la seconde à la partie supérieure de ce sous-étage.

Coupe prise un peu à l'est de Traquerand, jusqu'à la halte de Donzat.

6. Calcaire en plaquettes sonores à *Corbula Mosensis*, *Cardium Dufrenoycum*, *Anatina* sp., *Pholadomya* sp., 10 mètres.
5. Argiles verdâtres sans fossiles, 0m,60.
4. Calcaire violacé, rubané, en plaquettes.
3. Calcaire blanc, en plaquettes sonores, à *Corbula Sæmanni*.
2. Alternance de calcaire noduleux, lithographique et de lits de marnes feuilletées.
1. Calcaire en plaquettes blanchâtre à *Corbula Mosensis*.

L'ensemble des couches 1-4 a une épaisseur d'environ 12 mètres.

Coupe prise le long de la ligne du chemin du fer, depuis le bas de la rampe de Marange jusqu'à Hiersac (2 kilom. environ).

11. Calcaire carié, un peu violacé, alternant avec des lits d'argile grise.
10. Marne calcaire, en fines plaquettes, alternant avec des lits d'argile feuilletée, 5 à 6 mètres.
9. Banc de calcaire très finement oolithique à *Mytilus* sp., *Gervilia arenaria*, *Ostrea*, 0m,80.
8. Calcaire en plaquettes à fossiles assez nombreux : *Natica* sp., *Corbula inflexa*, *Pholadomya pudica*, *Pholadomya subrugosa*, *Cardium collineum*, *Corbicella Pellati*.
7. Calcaire subcrayeux à *Corbula Mosensis*, *Arca*, *Cyrena*, etc.
6. Calcaire dur, légèrement violacé, très fossilifère à *Trigonia* et Gastropodes, 6 mètres.
5. Calcaire blanc, en plaquettes, percillé, 1m,50.
4. Calcaire grisâtre, rubané, en plaquettes, 7 à 8 mètres.
3. Calcaire blanc, en plaquettes.
2. Calcaire jaunâtre, carié.
1. Calcaire compact, très dur, violacé, à nombreux fossiles. *Ostrea Bruntrutana*, *Corbula Sæmanni*, *Plectomya rugosa*. *Anatina*, sp. *Corbula Mosensis*, *Cardium Dufrenoycum*. 20 mètres environ.

Le niveau 1 de cette coupe semble correspondre au niveau 6 de la précédente.

L'ensemble des assises du Portlandien moyen aurait donc une épaisseur de 80 mètres. Il faudrait surtout y distinguer cinq zones.

1. Niveau inférieur des calcaires en plaquettes à *Corbula Mosensis*.
2. Niveau des calcaires violacés à *Cardium Dufrenoycum*, *Ostrea Bruntrutana*, *Corbula Mosensis*, *Trigonia*.
3. Niveau des calcaires subcrayeux, très fossilifère, qui va devenir constant pendant plus de 25 kilomètres.

4. Niveau supérieur des calcaires en plaquettes à *Cardium collineum*, *Corbula inflexa*, *Corbicella Pellati*.
5. Niveau des calcaires marneux, cariés, alternant avec des argiles, à *Corbula inflexa* et avec un niveau oolithique intercalé.

Nous allons suivre cet ensemble d'assises vers le nord-ouest. Les calcaires subcrayeux (niveau 3) affleurent à L'Hôpiteau, L'Habit, les Villairs. Ils sont exploités en un grand nombre de points, car ils forment des bancs assez épais et très résistants.

Vaux-Rouillac. — Le vallon profond de Vaux-Rouillac fournit une série presque complète du Portlandien moyen (fig. 4), car on part de l'altitude 60 et on monte jusqu'à l'altitude 150, à l'est, et 120, à l'ouest, en suivant la succession des assises de ce sous-étage.

On peut les grouper de la façon suivante :

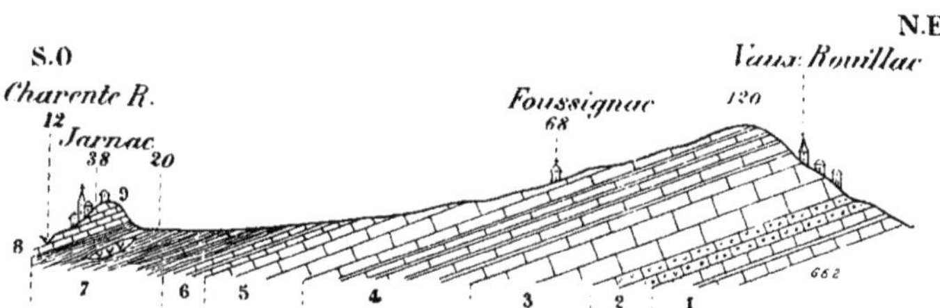

Fig. 4. — Coupe du Portlandien inférieur moyen et entre Vaux-Rouillac et Jarnac (10 kilom.).

Portlandien moyen, 1-6 (voir texte pour explication détaillée). — Purbeckien, 7-9. — 7. Argiles gypsifères. — 8. Marnes grises alternant avec des calcaires marneux. — 9. Calcaires marneux et suboolithiques à *Gervilia arenaria*, *Mytilus subreniformis*.

6. Marnes grises alternant avec des lits de calcaires gris bleu.
5. Série de calcaires sublithographiques, gris bleu, alternant avec des marnes feuilletées et quelques lits oolithiques.
4. Calcaire marneux, en fines plaquettes, alternant avec des marnes feuilletées à *Corbula inflexa*, *Sphænia Sœmanni*, 30 mètres environ.
3. Calcaire en plaquettes et calcaire carié, à nombreux fossiles : *Mytilus* *Corbula inflexa*, *Corbula* sp., *Avicula credneriana*, etc., 20 mètres.
2. Calcaire en bancs assez épais, subcrayeux et suboolitiques, à *Trigonia*, *Arca*, *Corbula* très nombreuses et lumachelle intercalée à *Corbula inflexa*, 10 mètres environ.
1. Calcaire en plaquettes alternant avec des lits de marnes et d'argile grise et verdâtre à *Pecten* sp., *Corbula Mosensis*, *Cyrena* sp., 20 mètres environ.

Les niveaux 5 et 6 s'étendent entre Vaux-Rouillac et La Touche. Ils terminent le Portlandien moyen.

Environs de Rouillac et de Sigogne. — Les principaux niveaux relevés depuis Rouillac jusqu'à La Treille sont les suivants :

7. Marnes grises feuilletées.
6. Calcaire blanc, marneux, sans fossiles, se débitant en minces fragments et formant un sol relativement argileux.
5. Alternance de calcaires marneux et de marnes à *Pecten insularum*, *Cyprina* sp. (carrière de La Jarrie).
4. Calcaire marneux exploité par la fabrication de la chaux hydraulique près de Sigogne à *Astarte* cf. *supracorallina*, *Astarte scalaria*, *Thracia* sp., *Corbula inflexa*, *Pholadomya Harmevillensis*, *Cardium morosum*, *Ceromya* sp., *Terebratula* sp.
3. Série de calcaires marneux, en plaquettes sonores, avec calcaires oolithiques intercalés et niveaux très fossilifères, vers Plaizac, à *Corbula sulcosa* ?, *Corbula Mosensis*, *Corbula inflexa*, *Sphænia Sœmanni*, *Cyrena* sp., *Astarte* sp., *Mytilus* sp., *Ostrea* sp.
2. Calcaires subcrayeux et suboolithiques des Villairs (carrières), faune très riche, mais fossiles mal conservés : *Arca macropyga*, *Arca cruciata*, *Arca texta*, *Arca* sp., *Mytilus subæquiplicatus*, *Mytilus* sp., *Astarte* sp., *Trigonia* sp., *Cyprina* sp., *Corbula Mosensis*, *Patella* sp., et autres Gastropodes.
1. Calcaires compacts et en plaquettes avec lits de marnes à *Corbula Mosensis*.

Ces couches forment toute la région comprise entre Vaux-Rouillac, Fleurac, Mérignac, la Treille, les Arnauds et Courbillac.

Mais en face de Neuvicq, la *bande calcaire* du Portlandien moyen qui avait 12 kilomètres de large entre Rouillac et Coursac se rétrécit brusquement et n'a plus que 5 à 6 kilomètres. Comment s'est produit ce rétrécissement qui semble bien anormal. Il est possible que les calcaires compris entre Courbillac, Sigogne, Foussignac, Bourras, passent latéralement à des argiles situées sur leur prolongement vers le nord-ouest. Dans ce cas, qui me paraît le plus probant, il est bien difficile de dire à quel point se fait le passage, et quel niveaux exact des calcaires correspond aux argiles. Toutefois il semble bien que les assises 5, 6, 7 de la série précédente correspondent aux argiles *infra-gypsifères*, car elles sont supérieures aux assises que nous avons relevées vers Hiersac. S'il en est ainsi, devrons-nous placer ces calcaires 5, 6, 7 dans le Portlandien moyen ou dans le Purbeckien inférieur? — Dans le premier cas, une partie des argiles gypsifères sera d'âge portlandien moyen, dans le second elle sera d'âge purbeckien inférieur. — Il est malheureusement difficile de se prononcer car les fossiles renfermés dans les calcaires et les argiles ne sont pas suffisamment caractéristiques. *Le fait à retenir c'est qu'une série de calcaires d'âge portlandien moyen ou purbeckien inférieur mais très probablement portlandien moyen ont pour équivalents des argiles gypsifères.*

J'ai examiné le cas d'une faille partant de Courbillac et se dirigeant vers Matha, faille qui aurait fait buter la partie moyenne du Portlandien moyen contre les argiles gypsifères. Il ne m'a pas paru que cette faille existât, malgré l'affleurement presque rectiligne, de Courbillac à Matha, des argiles inférieures.

On pourrait également croire à l'existence d'un anticlinal dans la région de Sigogne, anticlinal qui aurait rejeté plus au nord-ouest et plus au sud la limite des argiles. L'observation ne permet pas de soutenir cette hypothèse, car les couches plongent régulièrement vers le sud-ouest. J'adopterai donc, provisoirement, la première hypothèse, qui semble la plus probable.

En résumé, on aurait, à partir de Courbillac une série d'argiles gypsifères constituant la partie supérieure du Portlandien moyen.

Continuons à suivre la bande calcaire plus au nord-ouest.

Environs de Neuvicq. — De la Revetizon à Letit-Beauvais, près de Courbillac on observe dans le Portlandien moyen la série suivante :

9. Argiles gypsifères.
8. Calcaire suboolithique à *Mytilus* alternant avec des calcaires marneux et des calcaires lumachelles à *Corbula inflexa* (carrières de La Samoulière et de La Touche-Ronde).
7. Alternance de marnes et de calcaires marneux à *Gervilia arenaria, Plectomya rugosa.*
6. Calcaire subcrayeux, à *Arca, Mytilus, Pecten, Corbula inflexa* (carrières de Puygard).
5. Série de calcaires marneux et de marnes à *Corbula inflexa, Ostrea, Cyprina.*
4. Calcaire en gros bancs se poursuivant vers Sonneville à *Pecten nudus, Mytilus, Cardium Dufrenoycum, Cardium Bœmerianum, Pholadomya Harmevillensis, Arca catalaunica, Corbula Mosensis.*
3. Calcaire compact, un peu rosé, perforé, alternant avec des marnes feuilletées.
2. Calcaire dur, jaunâtre.
1. Série de calcaires lithographiques exploités pour pierre de taille (La Revetizon).

De Massac à Brie. — On peut suivre la succession suivante entre ces deux localités :

4. Calcaire marneux blanchâtres.
3. Série de calcaires lithographiques gris bleuâtres alternant avec des calcaires cariés et des bancs durs percillés (niveau de la gare de Sonneville).
2. Calcaire oolithique blanc, en gros bancs, fossiles indéterminables.

1. Calcaire compact alternant avec des calcaires en plaquettes à Lamellibranches, *Corbula Mosensis.*

Cette coupe montre la prédominance de plus en plus grande de l'élément marneux ou argileux à mesure que l'on s'approche de Matha. Le niveau de calcaires subcrayeux qui existait depuis Hiersac ne se montre plus, il est en partie remplacé par des calcaires oolithiques.

Matha. — La coupe suivante est prise en partant de la route de Beauvais, en face de Massac et elle se continue vers Courcerac.

9. Argiles gypsifères alternant avec des calcaires gris noirâtres ou gris violacés.
8. Calcaire compact, à cassure lithographique, alternant avec des argiles.
7. Calcaire marneux s'émiettant en menus fragments à *Pecten Buchi*, *Cyrena* sp.
6. Calcaire compact, blanchâtre à nombreux *Pecten nudus*, *Cardium Dufrenoycum*, *Corbula inflexa* (près la gare de Matha).
5. Calcaire lithographique violacé, à moules de Lamellibranches, *Corbula Sœmanni*, *Corbicella Pellati.*
4. Calcaire percillé, avec lits marneux intercalés (niveau de Massac et de Sonneville).
3. Calcaire oolithique à Gastropodes : *Orthostoma Buvignieri*, *Cerithium* sp., *Cylindrites* sp., *Tornatella* sp., avec lumachelle intercalée à *Corbula inflexa*. Variation d'épaisseur de cette couche qui se bifurque, s'amincit et se renfle dans la même carrière. Un niveau à Foraminifères (Alvéolines), peu épais, s'observe au milieu de ces calcaires.
2. Calcaire marneux feuilleté, en plaquettes, sans fossiles.
1. Calcaire en plaquettes sonores, à *Mytilus*, *Corbula Mosensis.*

Saint-Jean-d'Angely. — L'allure des couches porlandiennes, aux environs de Saint-Jean-d'Angely, est plus facile à suivre que dans la région que nous venons d'examiner, à cause du relief plus considérable du sol et aussi des coupes naturelles ou artificielles où ces couches affleurent. Les ondulations du sol font réapparaitre, d'après Boisselier, le Portlandien inférieur et moyen sur les flancs d'un synclinal dont l'axe passerait par Mazeray.

La succession des assises peut se suivre dans les tranchées du chemin de fer des environs de Mazeray.

5. Calcaire en petites plaquettes, alternant avec des lits de marne, à *Corbula inflexa.*
4. Calcaire en plaquettes sonores à *Cardium Dufrenoycum.*
3. Calcaire en plaquettes alternant avec des lits de plus en plus marneux vers le sommet à *Corbula inflexa*, *Arca*, *Pecten nudus.*

2. Calcaire marneux, avec niveaux de calcaires percillés, entremêlés de marnes et de petits bancs de calcaire gris bleu.
1. Calcaire gris bleu, rognonneux, à *Arcomya*.

L'examen de cette coupe montre que les niveaux des calcaires oolithiques et des calcaires subcrayeux qui affleuraient encore vers Matha n'existent plus ici. On ne trouve que de petits lits oolithiques et l'ensemble du Portlandien moyen comprend des calcaires plus ou moins marneux alternant avec des marnes. En outre les couches sont bien moins fossilifères.

Environs de Rochefort et île d'Oléron. — D'après Boisselier, le Portlandien moyen serait constitué de la façon suivante, au sud-ouest de Rochefort et dans l'île d'Oléron.

A la base, par des calcaires compacts lithographiques, en plaquettes souvent perforées et formées de feuillets très minces qui se révèlent à l'érosion.

A la partie supérieure se montrent une brèche calcaire avec fragments de marbre noir et un banc de calcaire scoriacé, jaune brun, surmonté de calcaires oolithiques à *Corbula inflexa*.

En **résumé**, le Portlandien moyen du bassin de l'Aquitaine comprend un ensemble de calcaires marneux et lithographiques avec intercalation de marnes de calcaires subcrayeux et oolithiques, surmontés d'argiles gypsifères entre Courbillac-Sigogne et les environs de Matha.

Cet ensemble n'a pas moins de 100 mètres d'épaisseur dans la région de Rouillac.

On peut surtout y distinguer deux niveaux :

A la base, des dépôts à *Corbula Mosensis, Cardium Dufrenoycum, Cyrena rugosa*.

A la partie supérieure, des dépôts *Corbula inflexa, Sphænia Sæmanni*, etc.

PORTLANDIEN SUPÉRIEUR (PURBECKIEN)

Le phénomène lagunaire qui s'était manifesté en quelques points (Saint-Froult) dès le Portlandien inférieur et s'était montré de nouveau à la fin du Portlandien moyen, prit une plus grande ampleur durant le Purbeckien, puisque toute la région comprise, aujourd'hui, entre Vibrac et les environs de Saint-Même, au sud de Saint-Jean-d'Angely, fut transformée en une grande lagune ou en une série de lagunes. C'est dans ces bassins d'évaporation que s'est déposé le sel, dont j'ai trouvé des traces dans la forêt de Jarnac (puits salés) et le gypse, parfois accompagnés de minces couches de lignites.

Ces diverses formations se montrent à plusieurs niveaux et sont intercalées entre des argiles gris noirâtres et des calcaires sublithographiques gris clair ou gris foncé, à odeur bitumineuse, alternant parfois avec des calcaires sub-oolithiques brunâtres à *Corbula inflexa*, etc.

Les alternances de calcaires, d'argiles et de gypse indiquent les allées et venues de la mer et annoncent un régime assez instable préludant à la fin des temps jurassiques.

Mais avant la fin de la période portlandienne, la mer revient faire un assez long séjour dans la région et elle recouvre de ses sédiments calcaires une partie des argiles. Un départ définitif de la mer termine les temps jurassiques.

Un tel régime était peu propice au développement de la vie; aussi les fossiles que l'on trouve dans les sédiments purbeckiens sont-ils en nombre limité (au point de vue des espèces). Ce sont surtout des Corbules qui dominent; elles forment même parfois de véritables lumachelles. Lorsque le régime marin se rétablissait, les *Pecten*, les *Gervilia,* les *Mytilus*, les *Ostrea* venaient de nouveau vivre sur les rivages, jusqu'à ce que la concentration des eaux les fit disparaître.

D'une façon générale, le Purbeckien comprend deux divisions :

1° A la base, des argiles grises ou gris noirâtres alternant avec des calcaires sublithographiques ou oolithiques à Corbules et comprenant des niveaux gypsifères et salifères.

2° A la partie supérieure un ensemble de calcaires, d'épaisseur variée, à *Mytilussubreniformis*, *Gervilia arenaria*, *Plectomya rugosa*. Coquand n'admettait que le premier terme. Il pensait que le second était formé par le Portlandien moyen ramené au jour par suite d'un plissement du sol. Nous verrons plus loin si les faits confirment cette manière de voir.

Environs de Jarnac et de Chassors. — Jarnac et Chassors sont situés sur deux éminences dirigées sud-est, nord-ouest et dans le prolongement l'une de l'autre. Au nord de ces petites collines, qui ont comme altitude 39 et 59, s'étend la plaine des Pays-Bas dont l'altitude est de 20 à 25 en moyenne, tandis qu'au sud de Jarnac se déroule la Charente et au sud de Chassors se dresse la falaise crétacée.

Coquand avait donné de ces deux collines la coupe que je reproduis ci-après (fig. 5).

Cette coupe passe par Souillac, Jarnac, Chassors et elle est dans l'axe longitudinal des deux collines.

D'après Coquand, les deux éminences seraient dues à l'existence d'un anticlinal ayant ramené au jour les couches portlandiennes, notamment des calcaires à *Cardium dissimile*, *Mactra*, *Anomia*, avec calcaires oolithiques intercalés. Les argiles gypsifères des Pays-Bas se prolongeraient au contraire dans les synclinaux. En un mot, les *calcaires seraient inférieurs aux argiles*, qui termineraient la série jurassique de la Charente et de la Charente-Inférieure.

Pour établir l'existence des anticlinaux précités, Coquand se base sur le plongement des couches calcaires : à Jarnac, de Jarnac vers Chassors; à Chassors de Chassors vers Jarnac et au delà vers Nercillac. Le savant géologue, en voulant démontrer que les argiles étaient supérieures aux calcaires,

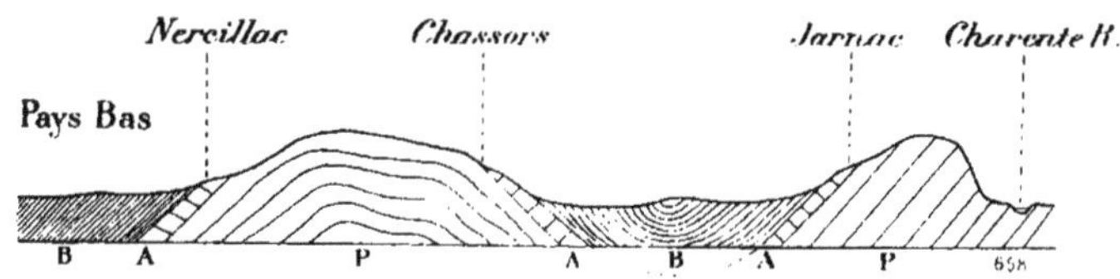

Fig. 5. — Coupe des coteaux de Chassors et de Jarnac, d'après Coquand.

A. Étage portlandien. — A. Calcaire carié, base de l'étage du Purbeck. — B. Argiles gypsifères.

était bien obligé d'admettre ce plongement. Or *cette inclinaison des couches n'existe pas*. Partout où j'ai pu observer les calcaires des coteaux de Jarnac et de Chassors, je les ai vus plonger seulement, d'une façon générale, de quelques degrés vers le sud-ouest, *ce qui est leur plongement normal*. Si, comme le voulait Coquand, ces éminences constituaient des dômes allongés, on aurait, à cause de leurs faibles dimensions, un plongement des couches très marqué de tous côtés, ce qui n'est pas; puisque *c'est la presque horizontalité* que l'on observe (fig. 6) dans la direction même des collines.

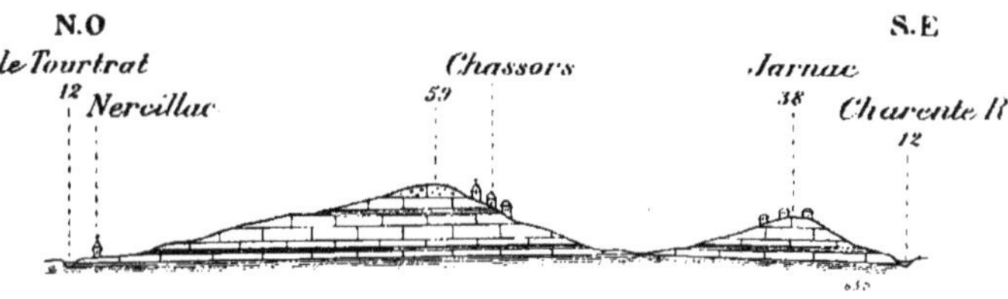

Fig. 6. — Coupe des coteaux de Chassors et de Jarnac (10 kilom.).

Cette coupe est surtout destinée à être comparée à la précédente pour montrer l'allure des couches constituant ces deux collines. — 1. Argiles gypsifères. — 2. Pour la succession détaillée, voir texte, p. 21 et 22.

Une conclusion s'impose devant ces faits : les argiles gypsifères des Pays-Bas ne s'appliquent pas sur les calcaires de Jarnac et de Chassors; elles leur servent au contraire de substratum. C'est ce que je vais essayer de montrer d'une autre façon.

Voyons d'abord la série des assises constituant les collines (fig. 6). Je donne celle de Chassors qui est la plus complète :

10. Série de calcaires subcrayeux, ou très finement oolithiques, en gros bancs, exploités à Chassors, quelques rares fossiles, *Mytilus* sp.
9. Calcaires marneux alternants avec des lits de marne.

8. Calcaire suboolithique carié, 1m,50.
7. Série de calcaires en plaquettes et de calcaires rubanés, sublithographiques avec intercalation de niveaux oolithiques très fossilifères, mais à fossiles non déterminables : *Astarte* sp., *Mytilus subreniformis*, *Gervilia arenaria*.
6. Calcaires marneux, rubanés, alternant avec de minces lits marneux, 2 mètres.
5. Calcaires marneux alternant avec des marnes feuilletées, 1m,50.
4. Calcaires compacts, alternant avec des calcaires subcrayeux, en gros bancs. exploités en plusieurs points (entre Le Buisson et La Groie). 4 mètres.
3. Marnes grisâtres, avec lits de calcaire carié et percillé, 6 à 8 mètres
2. Argiles et marnes avec lits de calcaire carié rognonneux intercalé, 2 mètres.
1. Argiles gypsifères avec calcaire gris bleu ou gris noirâtre et niveaux à *Corbula inflexa*.

Je n'ai trouvé nulle part dans les calcaires supérieurs (s'ils existent, je ne les ai pas vus) les fossiles caractéristiques du Portlandien moyen (cités par Coquand) et surtout *Corbula inflexa*, qui est si abondante dans la partie inférieure de ce sous-étage.

La série des couches du coteau de Jarnac montre les plus grandes analogies avec celle de la série inférieure de Chassors. On a bien les niveaux 2, 3 entre Souillac et Jarnac, le long de la Charente, puis des calcaires marneux et compacts à Souillac. et enfin des calcaires marno-lithographiques constituant la partie supérieure des assises du coteau de Jarnac qui a 20 mètres de moins d'élévation que celui de Chassors.

Connaissant la constitution de ces coteaux, il est facile de comprendre que les calcaires reposent sur les argiles gypsifères. Celles-ci forment, en effet, un *niveau aquifère* constant à la base des collines. Or, l'altitude de ces niveaux aquifères est la même sur 9 kilomètres d'étendue, depuis Rouillac jusqu'à Nercillac, en passant par Jarnac et Chassors. Elle varie de 10m,70 à 12 mètres, soit de 1m,30, ce qui est insignifiant, et montre *la presque horizontalité des niveaux argileux à la base des collines*. Voici, d'ailleurs, les cotes observées à Jarnac aux points où il existe des puits :

	Église.	Hôtel-de-Ville.	Sommet du coteau.	Souillac.
Altitude du sol	19	31	38.50	21.50
Distance du sol au niveau aquifère.	8.25	20.15	27 45	10.50
Altitude du niveau aquifère.	11.25	11.25	11.05	11.50

Ces chiffres, qui sont d'une grande précision, m'ont été obligeamment fournis par M. Vitrac, conducteur des ponts et chaussées de Jarnac. Ils indiquent l'existence d'un niveau aquifère sensiblement horizontal à l'altitude de 11^{m},25 environ.

Si l'on réfléchit qu'à 1 kilomètre plus au nord, les argiles gypsifères sont à l'altitude de 13 et de 15 mètres, on comprend que ce sont bien ces argiles qui passent sous la colline de Jarnac. — On les retrouve d'ailleurs de l'autre côté de la Charente, à Gondeville, où les puits ont une profondeur de 6 mètres. Comme l'altitude de Gondeville est d'environ 14 mètres, le niveau argileux se trouve à 8 mètres environ. Le plongement des couches vers le sud-ouest serait donc de 3/100 environ. Il correspond bien à ce que l'on observe dans les carrières.

Les données fournies par la hauteur du niveau aquifère du coteau de Chassors vont confirmer les faits précédents.

	Puits Héraud.	Puits Becquet.	Puits Gaudry.	Puits à Julienne.	Puits à Nercillac.
Altitude du sol	41	44	51	24	12
Distance du sol au niveau aquifère.	30	33	40	13.3	1
Altitude du niveau aquifère.	11	11	11	10.70	11

Ces chiffres ne sont pas aussi rigoureusement précis que ceux de Jarnac, mais ils sont à peu près exacts. Ils montrent que le niveau aquifère du coteau de Chassors est le même que celui du coteau de Jarnac et permettent de conclure que, depuis Souillac jusqu'à Nercillac (sur 9 kilomètres d'étendue), les *calcaires des coteaux précités reposent sur des argiles gypsifères*, conclusion absolument opposée à celle de Coquand.

Le Purbeckien des environs de Jarnac est donc constitué par deux termes :

A la base par des *argiles gypsifères*, d'âge purbeckien inférieur.

A la *partie supérieure* par une série de *calcaires* d'âge purbeckien supérieur.

Voyons maintenant si ce fait est général dans le bassin.

Environs de Moulidards. — J'avais déjà signalé, que près des Moulidards, les argiles se terminent par la série jurassique. La coupe suivante (fig. 3) prise en allant du Cluzeau à Quantolèche, près d'Hiersac, confirme ce fait : On a de haut en bas :

5. Argiles cénomaniennes.
4. Calcaire brunâtre à *Corbula inflexa*.
3. Calcaire à oolithes brunes, alternant avec des marnes feuilletées.
2. Calcaire compact rubané, gris noirâtre.
1. Argiles gypsifères exploitées.

Les argiles cénomaniens et les calcaires également cénomaniens qui surmontent les dernières assises purbeckiennes sont en discordance de stratification sur ces dernières. — La discordance est encore plus visible à Champmillon où ce sont les grès qui reposent sur les calcaires purbeckiens.

La série des argiles gypsifères est relativement peu épaisse aux Moulidards et ces argiles semblent bien passer latéralement à une série de calcaires aux environs de Champmillon. — La coupe suivante prise le long de la route qui monte à Chez-Touchard (route venant de la Pille) vient confirmer cette manière de voir.

Le Purbeckien qui paraît incomplet en ce point est ainsi constitué :

9. Calcaire noduleux, grisâtre, un peu oolithique, $1^{m},50$.
8. Lit d'argile gris noirâtre.
7. Calcaire blanc, gélif, à Lamellibranches : *Pecten nudus*, 2 mètres.
6. Calcaire carié, brunâtre, $1^{m},50$.
5. Niveau oolithique, $0^{m},60$.
4. Calcaire marneux en fines plaquettes alternant avec des marnes feuilletées, 3 mètres.
3. Calcaire gris brunâtre, un peu grenu, en plaquettes, carié à la partie supérieure, avec marnes intercalées, 10 mètres.
2. Calcaire oolithique à fines oolithes à *Mytilus subreniformis*, *Ostrea* sp. $2^{m},50$.
1. Calcaire marneux blanc, gélif, se divisant en menus fragments à *Corbula inflexa*, *Corbula* sp., *Astarte* sp.

La majeure partie des sédiments de cette coupe sont marneux ; la partie inférieure (niveaux 1, 2, 3, 4) paraît bien correspondre aux argiles gypsifères, tandis que la partie supérieure serait l'équivalent des calcaires de Jarnac, sans qu'il soit possible toutefois d'établir un parallélisme rigoureux entre ces formations.

Dans toute la région des Pays-Bas, les argiles gypsifères affectent une forme lenticulaire et passent latéralement à des calcaires foncés, gris noirâtres, alternant avec des marnes feuilletées et des calcaires suboolithiques, à Corbules, également gris foncés.

A Cheville, à Vibrac, les argiles sont surmontées, comme à Souillac, par des marno-calcaires. Ceux-ci ne sont pas des réapparitions des assises du Portlandien moyen, pour la même raison que j'ai donnée pour Jarnac.

Plusieurs buttes qui longent les falaises crétacées et s'élèvent un peu au dessus de la plaine des Pays-Bas, ont également comme soubassement les argiles gypsifères, que surmontent des calcaires analogues à ceux de Jarnac et de Chassors.

J'ai trouvé dans la forêt de Jarnac, à la Vénerie, de petits lits de lignite intercalés au milieu des argiles gypsifères ; c'est également dans la forêt que plusieurs puits fournissent de l'eau salée impropre à la consommation.

Coquand indique que la forêt de Jarnac est installée sur une formation tertiaire. — J'ai été d'abord de cet avis, car le sol de cette forêt est constitué par des argiles rouges très finement sableuses dont les grains de quartz ne sont guère visibles qu'à la loupe. Mais plusieurs tranchées fraîches au milieu des argiles gypsifères, à Reparsac, m'ont montré que ces sables argileux paraissent provenir de la désagrégation de couches d'argiles sableuses, grisâtres, ou rougeâtres intercalées au milieu des argiles gypsifères.

Champ-Blanc et Montgot. — Le gypse est exploité très activement

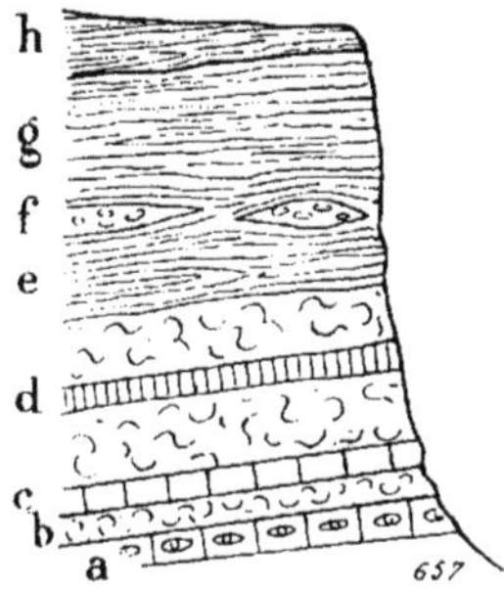

Fig. 7. — Coupe de la carrière Donizeau à Champ-Blanc.

a, calcaire noirâtre avec facules gypseux; *b*, gypse blanc saccharoïde exploité, 0m,40; *c*, calcaires noirâtre avec îlots gypseux et intercalation de calcaire oolithique gris à nombreuses Corbules, 0m,30 (= Calcaire de deux pieds, de Coquand); *d*, gypse saccharoïde avec intercalation de gypse blanc, 2m à 2m,30; *e*, argiles grises, 1 mètre; *f*, couche lenticulaire à petits galets de calcaire et grains de quartz; *g*, argile gris noirâtre, blanchissant à l'air; *h*, argile noire feuilletée, 0m,50.

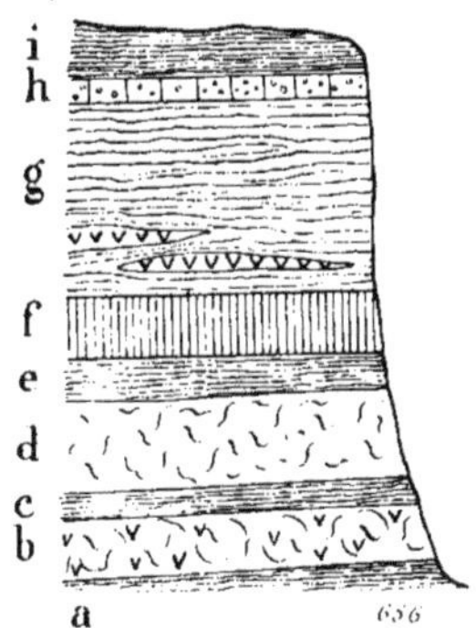

Fig. 8. — Coupe de la carrière de Mongot.

a, argile gris noirâtre; *b*, gypse rognonneux jaune; *c*, couche argileuse, 0m,50; *d*, gypse blanc saccharoïde, 1m,50; *e*, argile grise, 0m,50; *f*, gypse gris saccharoïde, 1 mètre; *g*, petits îlots de gypse fibreux blanc au milieu d'une couche argileuse de 4 mètres d'épaisseur; *h*, calcaire gris noirâtre, suboolithique, à nombreuses Corbules (calcaire de deux pieds de Coquand); *i*, *h*, argile noire.

à Montgot et à Champ-Blanc. Les carrières qui se trouvent dans ces deux localités sont intéressantes car ce sont les seuls points des Pays-Bas où les argiles gypsifères sont nettement observables.

Cette coupe est de celle de la carrière située à l'ouest de la route. Dans la deuxième carrière située pres de l'usine, l'argile noire inférieure n'existe plus et le banc de deux pieds de Coquand (= c) est excessivement réduit, ce qui prouve que la dénomination par laquelle on le désigne est fausse. Enfin M. Donizeau m'a dit qu'à peu de distance, vers l'est, on ne trouvait plus de gypse. La formation gypseuse se montre sous forme de lentille au milieu des argiles, elle peut disparaître presque subitement, comme cela a lieu à Champ-Blanc. C'est là d'ailleurs le caractère de tous les dépôts gypseux.

Les deux coupes précédentes font voir l'irrégularité des couches gypseuses dans la région. Celle des Moulidards, qui a été donnée par Coquand, conduit au même résultat.

Courcerac, Migron, Villars, etc. — Depuis Matha jusqu'à Saint-Sulpice, la rivière l'Antème ne quitte pas la formation argileuse. Cette rivière, qui reçoit plusieurs affluents, a un cours excessivement méandrique, à cause du peu de pente du sol dans cette portion de territoire. Mais dès qu'on arrive dans la formation crétacée, la vallée qui était très large se rétrécit beaucoup, le cours se régularise et n'offre plus qu'un seul tronc. Il y a un contraste frappant dans le cours de cette rivière, selon qu'elle coule dans les argiles ou dans les sédiments très durs du Crétacé.

Dans toute cette région argileuse affleurent des niveaux de calcaires oolithiques noirâtres à *Corbules* ou à petits Gaspropodes, mais la couverture argileuse ne permet de suivre aucun d'eux.

Environs de Brizambourg, Saint-Hilaire, Ébéon. — Les calcaires supérieurs aux argiles réapparaissent vers Villars. En même temps, l'élément calcaire remplace peu à peu l'élément argileux. Les argiles gypsifères se réduisent et passent latéralement à des calcaires marneux. Entre Aüthon et Ébéon apparaissent au milieu des argiles, des calcaires variés : calcaires sublithographiques et marneux, calcaires imprégnés de pyrite, de couleur gris clair ou gris foncé. A Chauvières une carrière est couverte au milieu de calcaires marneux jaunâtres à nombreux *Pecten nudus*, *Mytilus Boloniensis*, *Unicardium* sp., *Ostrea subreniformis*.

Entre Bercloux et Brizambourg affleurent des calcaires rubanés et cariés de couleur foncée, gris bleu ou gris noirâtre, alternant avec des argiles, surmontés par des calcaires marneux s'émiettant en menus fragments.

A la butte de Saint-Millon qui est un des points les plus élevés de la région (alt. 75 m.), les argiles gypsifères sont à 15 mètres de profondeur (niveau aquifère). Elles sont surmontées par des calcaires gris foncé alternant avec des marnes feuilletées, puis par des calcaires marno-lithographiques avec niveaux de calcaires oolithiques et de calcaires jaunâtres à *Pecten nudus*, *Mytilus Boloniensis*, *Ostrea* sp.

Environs de Mazeray et de Fenioux. — A mesure que l'élément calcaire envahit les assises du Purbeckien inférieur et supérieur le sol reprend un relief de plus en plus accentué; on arrive à la limite de la région des Pays-Bas qui se terminent à quelques kilomètres plus au nord, vers Saint-Même. Les altitudes qui s'étaient maintenues constamment entre 15 et 30 mètres, passent, au sud de Saint-Jean-d'Angely et vers Saint-Hilaire, à une altitude de 50 et même 80 mètres.

Le Purbeckien qui était presque exclusivement argileux entre Villars et Courcerac est beaucoup plus calcaire à 8 kilomètres plus au nord.

En même temps que se produit cette modification dans la composition des assises, s'en ajoute une autre : celle de la diminution de puissance du Purbeckien, cette diminution est assez considérable au sud-est de Saint-Jean-d'Angely. Elle est due en partie au plissement (que j'ai signalé plus haut) qui a ramené au jour le Portlandien inférieur et moyen dans la région de Grandgent et Fenioux. Si, comme je le crois, le Purbeckien existait plus développé vers Mazeray, l'érosion l'a en partie fait disparaître et il n'en reste plus que la partie inférieure dans le fond du synclinal Mazeray-Grandgent.

Ce reste de Purbeckien est formé par des calcaires en plaquettes alternant avec des lits marneux et des niveaux oolithiques à *Corbula inflexa*[1].

Sud de Rochefort et île d'Oléron. — D'après Boisselier, le Purbeckien des bords de l'Océan serait formé de plaquettes compactes, sableuses, oolithiques et de petits bancs du calcaire marneux alternant avec des couches de marne. On y trouve des empreintes végétales, des nodules charbonneux, des dents de Sauriens et des lumachelles de *Corbula inflexa* (Beaugeay, le château d'Oléron, etc.).

[1] Boisselier cite encore dans cette série *Mytilus subreniformis, Patella vassiacensis* et *Serpula coarcervata*. J'ai bien trouvé des Serpules, mais je n'ai pu les déterminer spécifiquement.

CONCLUSIONS

Envisagé dans son ensemble, le Portlandien du bassin de l'Aquitaine se présente comme une formation très complexe. Il offre à lui seul tous les faciès observés dans le Jurassique de ce bassin. Il comprend, en effet, des dépôts marins et des dépôts lagunaires qui se divisent en dépôts chimiques (calcaires oolithiques, sel, gypse), dépôts zoogènes (récifs à Polypiers), dépôts à végétaux (lignites), dépôts arénacés (grès), dépôts détritiques variés (argiles, marnes, calcaires marneux, calcaires lithographiques, etc.).

L'étude de cette série sédimentaire est rendue difficile par la mauvaise conservation des fossiles et par les changements latéraux fréquents et rapides des assises. Néanmoins, on peut, il me semble, concevoir de la façon suivante, la manière dont s'est effectuée la sédimentation durant le Portlandien.

I. *Portlandien inférieur*. — Après le dépôt des vases virguliennes, surtout argileuses, la mer s'enrichit assez brusquement en calcaire et elle accumula des couches assez épaisses de *calcaires oolithiques*. Ce changement, dans la nature des dépôts, en amena un autre au point de vue faunique. Tandis en effet que sur les rivages argileux de la mer virgulienne ne pouvaient guère vivre que des Lamellibranches, en particulier des Ostracées et des Myacées, les rivages de la mer du Portlandien inférieur, se couvrirent de nombreuses et grandes Nérinées (*N. trinodosa, N. Santonensis*, etc.) depuis Angoulême, au sud, jusqu'à Beauvais (Charente-Inférieure) au nord.

Dans ce milieu, riche en calcaire et par suite favorable au développement des Polypiers, s'édifièrent, par places (Grosville), de petits *îlots réciformes*, entourés de leur cortège habituel d'espèces coralliophiles (Échinides, Gastropodes et Lamellibranches à test épais et très ornementé).

A partir des environs de Rouillac, la richesse en calcaire des eaux marines était moins grande, l'argile s'y mêlait et allait en augmentant progressivement vers le nord. Avec elle réapparurent les Lamellibranches, pendant que les Nérinées de plus en plus rares, finirent par disparaître. Les *calcaires oolithiques* à *Nérinées* furent ainsi remplacées par des *calcaires suboolithiques*, puis par des *marno-calcaires* caractérisés par *Am. gigas*, *Am. gravesianus*, *Cardium dissimile*, etc.

Cette sédimentation ne s'effectua pas tranquillement. Elle fut troublée par des courants marins dont l'influence se fit vivement sentir pendant toute la moitié du Portlandien inférieur; ils entraînèrent, à leur suite, des produits arénacés, formant aujourd'hui des *grès*, intercalés à plusieurs niveaux, au milieu des dépôts oolithiques. Mêlés à l'argile, ces grès prédominent, sur certains points, sur les sédiments chimiques (Saint-Cybardeaux). C'est dans ce milieu que vivaient des Ptérocères (*P. Oceani*), des *Purpuroidea*, formes de mers relativement chaude, des Natices (*N. Marcousana*), ainsi que des Brachiopodes (*Ter. subsella, Rhynch. pinguis*) et des Échinodermes (*Hemicidaris Purbeckensis*) accompagnés de myriades d'*Ostrea Bruntrutana*.

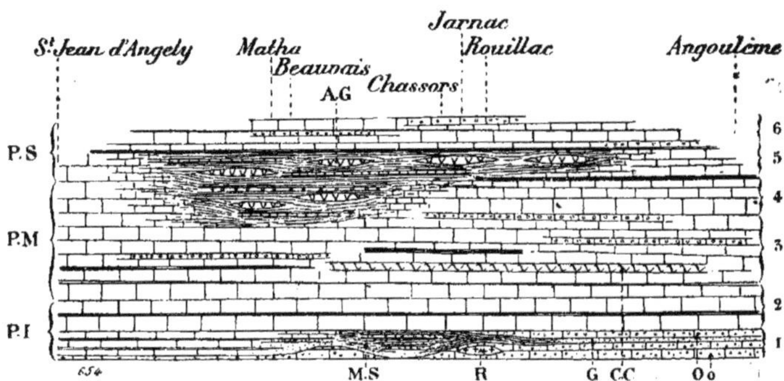

Fig. 9. — Schéma destiné à montrer les changements de faciès du Portlandien depuis Angoulême, Jarnac, jusqu'à Saint-Jean-d'Angely.

P. I. *Portlandien inférieur*. — 1. La base du Portlandien inférieur, d'abord constituée par des calcaires oolithiques à Nérinées (Oo), avec intercalation de bancs de grès (G) à *Pterocera Oceani, Hemicidaris Purbeckensis*, comprend un îlot réciforme (R) à Grosville et passe à des calcaires marno-gréseux (M.S.) avec couches oolithiques intercalées à Montigné, puis à des calcaires oolitiques à Lamellibranches (*Corbis, Arca, Trigonia*) et à des calcaires suboolithiques et marneux (Saint-Jean-d'Angely) à *Am. gigas*. — 2. Partie supérieure du Portlandien inférieur : *a*, série de calcaires variés, suboolithiques, marneux, alternants avec lits marneux à *Am. gravesianus* ; *b*, couches à *Cardium dissimile* et *Cyprina Brongniarti*.

P. M. *Portlandien moyen*. — 3. Série de calcaires en plaquettes, avec alternance de couches subcrayeuses (C.C.) et oolithiques à *Corbula Mosensis, Cardium Dufrenoycum*. 4. Calcaires variés à *Sphœnia Sœmanni, Corbula inflexa, Cyrena rugosa*, passant à des argiles gypsifères (A.G.).

P. S. *Portlandien supérieur*. — 5. Calcaires sublithographiques violacés et calcaires suboolithiques à *Corbula inflexa* passant à des argiles gypsifères alternant avec des calcaires sublithographiques et des calcaires oolithiques à *Corbula inflexa*.

6. Calcaires marneux, sublithographiques et oolithiques à *Gervilia arenaria, Plectomya rugosa, Mytilus subreniformis*.

Mais au régime troublé, instable, du commencement du Portlandien inférieur succède, à la fin de cette période, un régime de calme, pendant lequel se déposent des marno-calcaires, à *Am. gravesianus, Cyprina Brongniarti, Cardium dissimile*, tandis que vers l'Océan (Saint-Froult) s'ébauche un petit *bassin d'évaporation*, dont le fond argileux se tapisse de *sel* et de *gypse*.

II. *Portlandien moyen*. — Le retrait de la mer prend une plus grande ampleur durant le Portlandien moyen. Les dépôts marins se font partout sous une faible profondeur d'eau, ainsi qu'en témoigne la présence de fossiles tels que les Patelles, les Corbules, les Cyrènes. Dans ces eaux surtout saumâtres, s'entassent près de 100 mètres de vases calcaires entremêlées de vases argileuses. Parfois cependant l'enrichissement en calcaire des eaux marines augmente brusquement et il se dépose des *calcaires oolithiques* et *subcrayeux*. Mais ces dépôts ne se sont pas effectués dans une mer plus profonde que les précédentes, car ils sont caractérisés par les mêmes fossiles : *Corbula Mosensis*, *Cyrena rugosa*, *Cardium Dufrenoycum*, *Corbicella Pellati*, etc.

Pendant que vers Sigogne et Hiersac, Saint-Jean-d'Angely et l'Océan, le Portlandien moyen se termine par des calcaires à *Corbula inflexa*, *Sphœnia Sœmanni*, une lagune s'établit, sur près de 25 kilomètres, depuis Aumagne (Charente-Inférieure), jusqu'à Courbillac (Charente). Là, se superposent, selon le degré de salure des eaux, des *vases argileuses*, *des calcaires à odeur bitumineuse*, du *sel et du gypse*; les premiers renferment des horizons très fossilifères à *Corbula inflexa*.

III. *Portlandien supérieur* (*Purbeckien*). — Au début du Portlandien supérieur la presque totalité de la contrée fut transformée en une série de bassins d'évaporation. Le phénomène lagunaire, que nous avons vu s'esquisser dès le Portlandien inférieur, se généralisa au commencement du Purbeckien. — Sur 45 kilomètres d'étendue s'entassèrent des *argiles* qui, avec celles du Portlandien moyen, constituent aujourd'hui les Pays-Bas charentais.

Le *sel et le gypse* y formèrent des lentilles à plusieurs niveaux, mais le dépôt de ces substances fut parfois interrompu brusquement par un retour momentané de la mer qui déposa des calcaires imprégnés d'argile, de couleur foncée et des calcaires oolithiques à *Corbula inflexa*, *Thracia incerta*, etc.

Aux extrémités nord-ouest et sud-est de la lagune, à Champmilon, à Saint-Jean-d'Angely, ainsi que vers l'Océan, ce sont des calcaires marneux oolithiques qui constituent le Purbeckien inférieur. La fin du Purbeckien fut marquée par un retour assez long de la mer et un changement complet dans la sédimentation. Les argiles gypsifères furent recouvertes par des calcaires marneux, sublithographiques et suboolithiques à *Plectomya rugosa*, *Mytilus subreniformis*, *Gervilia arenaria*. Avec eux se termine la série jurassique dans les Charentes. La contrée fut exondée à la fin du Purbeckien, jusqu'à l'époque cénomanienne, qui débuta par le dépôt de grès et d'argiles s'étendant en stratification discordante sur les derniers dépôts jurassiques.

La faune du Portlandien des Charentes.

Le tableau ci-joint (pages 32 et 33) donne une idée de la population marine du Portlandien des Charentes. Le nombre des espèces citées est de soixante-neuf. Je ne parle, bien entendu, que de celles qui ont été déterminées avec assez de précision. Il en est un certain nombre d'autres que la mauvaise conservation ne m'a pas permis de distinguer spécifiquement, mais elles se rapportent à une dizaine de genres déjà représentés. Il faut y ajouter encore celles qui seraient attribuées aux genres *Itieria*, *Cerithium*, *Tornatella*, *Cylindrites*, *Anisocardia*, *Corbis*, *Lima*, *Zeilleria*, *Serpula* et à quelques Polypiers, ce qui ferait environ vingt à vingt-cinq espèces, de sorte que la faune du Portlandien de l'Aquitaine comprendrait au moins quatre-vingt-dix espèces, dont cinquante assez faciles à déterminer et dont une vingtaine sont très fréquentes.

Dans ce nombre les *Lamellibranches prédominent*. Au point de vue du nombre des espèces, ils constituent, en effet, les cinq sixièmes de la faune et ils existent presque exclusivement dans le Porlandien moyen et inférieur.

Dans la mer du Portlandien inférieur vivait une population exclusivement marine, quoique de mer peu profonde. Ce sont principalement des espèces saumâtres, au contraire, qui peuplent les mers et les lagunes du Portlandien moyen et supérieur.

Les espèces les plus communes et les plus caractéristiques sont :

PORTLANDIEN INFÉRIEUR	Faciès oolithique :	*Nerinea trinodosa*, *Ner. Santonensis*.
	Faciès marno-gréseux :	*Pterocera Oceani*, *Purpuroidea*, *Arca texta*, *Hemicidaris Purbeckensis*, *Ter. subsella*.
	Faciès marno-calcaire :	1. *Am. gigas*. 2. *Am. gravesianus*, *Cyprina Brongniarti*, *Cardium dissimile*.

PORTLANDIEN MOYEN : *Corbula Mosensis*, *Corbula inflexa*, *Cyrena rugosa*, *Cardium Dufrenoycum*.

PORTLANDIEN SUPÉRIEUR : *Gervilia arenaria*, *Plectomya rugosa*, *Mytilus subreniformis*.

Ainsi que je l'indique dans le petit tableau ci-dessus, certaines formes sont fidèles à des milieux déterminés. C'est ainsi que les Nérinées, les Pseudomélanies, se montrent exclusivement dans les sédiments oolithiques. Elles vivaient par suite dans des eaux riches en calcaire. Dans les marnes et les grès on trouve un mélange assez varié de Gastropodes, de Lamellibranches, d'Échinides et de Brachiopodes, probablement amenés par des courants, tandis que dans les eaux chargées de vase marno-calcaire vivaient des Céphalopodes et des Lamellibranches.

NOMS DES ESPÈCES	CHARENTES			Yonne.	Haute-Marne et Meuse.	Jura.	Boulonnais.	Angleterre.	Hanovre.
	Portlandien supérieur.	Portlandien moyen.	Portlandien inférieur.						
Megalosaurus	+	+	—	—	—	—	—	+	—
Ammonites gigas Ziet.	—	—	+	+	+	+	+	—	—
— *gravesianus* d'Orb. .	—	—	+	—	—	+	—	—	+
— *rotundus* Sow. . .	—	—	+	+	—	—	—	+	—
— *Irius* d'Orb	—	—	—	+	—	+	—	—	—
* *Orthostoma Buvignieri* de Lor. .	—	+	—	—	—	—	+	—	—
* *Nerinea trinodosa* Voltz. . . .	—	—	+	—	—	+	—	—	—
— *Santonensis* d'Orb. . .	—	—	+	—	—	—			
* — *Bruntrutana* Th. . . .	—	—	+	—	—	+			
* *Pseudomelania Clio* d'Orb. . .	—	—	+	—	—	+			
* — *Danæ* d'Orb. . .	—	—	+	—					
Natica Marcousana d'Orb. . . .	—	+	+	+	—	+	+	+	+
Pterocera Oceani Brongn. . .	—	—	+	—	—	+	+	—	+
* *Purpuroidea*.	—	—	+	—	-	—	—	—	—
Patella Vassiacensis de Lor. . .	+	—	—	—	+	—	—	—	—
Corbula Mosensis Buv.	—	+	—	+	+	+	—	—	+
* — *sulcosa* Rœm.	—	+	—	—	—	+	—	+	—
— *inflexa* Dkr.	+	+	—	—	+	+	—	—	+
* — *Forbesi* de Lor	—	+	—	—	—	+	—	—	—
* *Sphænia Sœmanni* de Lor. . .	—	+	—	—	—	—	+	—	—
Pleuromya tellina Ag.	—	+	—	+	+	+	+	—	—
— *Voltzi* Ag.	—	+	+	—	—	+	+	—	—
Pholadomya pudica Ctj	—	+	—	—	—	+			
— *subrugosa* Et. . .	—	+	—	—	—	+			
— *helvetica* Desh. . .	—	+	—	—	—	+			
— *tumida* Ag. . . .	—	+	—	—	—	+	+		
* *Thracia incerta* Thurm	—	+	—	+	+	—	—	—	+
* *Plectomya rugosa* de Lor . . .	+	+	—	+	+	+	+	—	+
Cyrena rugosa Sow	—	+	—	—	—	+	+	+	+
* *Cyprina Brongniarti* Pict . .	—	—	+	+	—	+	+	—	—
* *Protocardia Purbeckensis* de Lor.	—	+	—	—	—	+	—	+	—
Cardium dissimile Sow. . . .	—	—	+	—	—	—	+	+	—
* — *Dufrenoycum* Buv. . .	—	+	—	+	+	+	—	—	—

* Les espèces précédées d'un astérisque n'avaient pas encore été signalées dans le Portlandien des Charentes.

NOMS DES ESPÈCES	CHARENTES — Portlandien supérieur.	CHARENTES — Portlandien moyen.	CHARENTES — Portlandien inférieur.	Yonne.	Haute-Marne et Meuse.	Jura.	Boulonnais.	Angleterre.	Hanovre.
* *Cardium pesolinum* Ctj.	—	+	—	+	—	—	—	—	—
* — *collineum* Buv.	—	+	—	—	+	—	—	—	—
Isocardia striata d'Orb.	—	+	—	—	+	—	—	—	—
* *Corbicella Pellati* de Lor.	—	+	—	—	+	+	+	—	—
* — *Moreana* Buv.	—	+	—	+	+	+	—	—	—
* — *Barrensis* Buv.	—	+	—	+	+	+	—	—	—
* *Lucina plebeia* Ctj.	—	+	—	+	+	+	+	—	+
* *Astarte bifaria* de Lor.	+	+	—	+					
* — *Vallonix* de Lor.	—	+	—	+					
* *Trigonia Barrensis* Buv.	—	+	—		+	+	+	—	—
* — *truncata* Ag.	—	—	+	+	—	+	—	—	—
* *Arca texta* Rœm.	—	+	+	+	+	—	+	—	+
* — *rhomboidalis* Ctj.	—	+	—	—	—	+			
Mytilus subreniformis Corn.	+	+	—	—	+				
* — *Boloniensis* de Lor.	—	+	—	—	—	—	+	+	—
* — *Morrisi* Sharpe.	—	+	—	+	—	+	+	+	—
* *Pinna granulata* Sow.	—	—	+	+	—	+	—	—	+
* *Gervilia arenaria* de Lor.	+	+	—	—	—	+	—	+	+
* — *obtusa* Rœm.	+	—	—	—	—	+	—	+	+
* *Avicula Credneriana* de Lor.	+	—	—	+	—	—	+	—	—
* *Pecten nudus* Buv.	+	+	—	+	+	+	+	—	—
* — *Portlandicus* Cott.	—	+	—	+	—	—	—	—	—
— *insularum* d'Orb.	+	+	—						
* — *Buchi* Rœm.	—	+	—	—	—	+			
Ostrea virgula Defr.	—	—	+	+	+	+	+	—	—
— *Bruntrutana* Th.	—	+	+	+	+	—	—	—	—
* — *Dubiensis* Ctj	—	—	+	—	—	—	+	—	+
* — *matronensis* de Lor.	—	—	+	—	+				
* *Anomya Portlandica* d'Orb.	+	—	—						
* *Hemicidaris Purbeckensis* Forbes.	—	—	+	+	—	+	+	—	—
* *Echinobrissus Peroni* Et.	—	—	+		+	+	—	—	—
* *Acrosalenia Kœnighi* Wright.	—	—	+	—	—	—	+	—	—
Terebratula subsella Leym.	—	+	+	+	—	—	—	—	—
* *Rhynchonella pinguis* Leym.	—	—	+		+				
* *Serpula coacervata* Blum.	+	—	—	—	+	—	+	+	+
* *Alveolines*.	—	+	—	—	—	—	—	—	—

* Les espèces précédées d'un astérisque n'avaient pas encore été signalées dans le Portlandien des Charentes.

DIVISION	BASSIN DE L'AQUITAINE	YONNE	MEUSE ET HAUTE-MARNE	JURA
Portlandien supérieur (Purbeckien)	Calcaires marneux, sublithographiques et oolithiques à *Gervilia arenaria, Plectomya rugosa, Mytilus subreniformis.* Argiles gypsifères et salifères avec calcaires oolithiques et sublithographiques à Cyrènes et *Corbula inflexa.*		Calcaires oolithiques à *Am. giganteus.*	Marnes et calcaires saumâtres et d'eau douce : à *Corbula Forbesi, Planorbis Loryi, Physa Wealdiana.*
Portlandien moyen	Calcaires marneux et sublithographiques avec intercalation de calcaires crayeux et oolithiques à *Corbula Mosensis, Corbula inflexa, Cyrena rugosa, Cardium Dufrenoycum.*	Calcaires argileux à cassure conchoïde à *Pinna suprajurensis, Plectomya rugosa, Pecten nudus.*	Calcaires sableux à *Corbula inflexa.* Calcaires cariés et tubuleux : à *Cyprina Brongniarti.*	Dolomie portlandienne à *Corbula inflexa, Cyrena rugosa, Gervilia arenaria.* Calcaires à *Trigonia gibbosa* et *Corbula Mosensis.*
Portlandien inférieur	4. Calcaires variés à *Cyprina Brongniarti* et *Cardium dissimile* = argiles gypsifères (sud de Rochefort). 3. Calcaires compacts à *Am. gigas.* 2. Marnes à *Ostrea Bruntrutana, Ter. subsella.* 1. Calcaires oolithiques à Nérinées et *Hemicidaris Purbeckensis* avec ilots récifornies intercalés. = Calcaires marno-gréseux à Lamellibranches. = Calcaires marneux à *Am. gigas.*	Calcaires compacts blanchâtres avec marnes à *Am. gigas.*	Calcaires du Barrois : à *Am. gigas, Hemicidaris Purbeckensis.*	Calcaires variés à Nérinées : *Ner. trinodosa, Ner. salinensis* avec *Am. gigas, Hemicidaris Purbeckensis.*

PAYS DE BRAY	BOULONNAIS	ANGLETERRE	HANOVRE
Grès et sables à *Trigonia gibbosa*.	Travertin à *Cypris*. Calcaires à *Cyrena Pellati*. Sables et grès à *Trigonia gibbosa*, *Cardium Pellati*, *Serpula coacervata*.	**Purbeck beds :** Couches saumâtres et d'eau douce très fossilifères. Reptiles, Poissons, Végétaux. *Cypris*, *Physa*, *Serpula coacervata*, *Hemicidaris Purbeckensis*. **Portland stone** à *Trigonia gibbosa*.	Argiles et calcaires à *Cypris*, Cyrènes, Paludines. Grès Wealdiens à Vertébrés, végétaux, Unios et Cyrènes. **Serpulit :** Argiles et calcaires à *Serpula coacervata*, *Corbula inflexa*.
Marnes bleues à grandes Ammonites à *Am. rotundus* et *Trigonia Pellati*.	Argiles et calcaires glauconieux à *Am. biplex* et *Perna Bouchardi*. Argiles et calcaires à *Cardium morinicum* et *Ostrea expansa*.	**Portland sand** à *Am. biplex*, *Ostrea Bruntrutana*, *Trigonia Pellati*.	Marnes de Münder avec gypse et sel à *Corbula inflexa*.
Argiles à *Am. Bononiensis*, *Ostrea expansa*. Marnes, grès et calcaires à *Echinobrissus Brodiei*, *Ostrea Bruntrutana*.	Grès, sables et calcaires à *Cyprina Brongniarti*, *Hemicidaris Purbeckensis*. Grès, sables et argiles à *Am. Portlandicus*.	**Kimmeridge clay supérieur.** Argiles à *Am. gigas*, *Am biplex*, *Discina latissima*.	Plattenkalk à *Cyprina Brongniarti*, *Cyrena rugosa*. Calcaires blanchâtres et oolithiques à *Corbula Mosensis*.

Comparaison du Portlandien des Charentes avec celui d'autres régions

La communication des bassins de Paris et de l'Aquitaine s'est faite jusqu'à la fin des temps jurassiques

Le Portlandien des Charentes offre un grand intérêt au point de sa puissance, de sa faune et de ses changements de faciès si variés.

Par sa *puissance* qui atteint environ 200 mètres, il se place entre le Portlandien de la Haute-Marne, de la Meuse (250 mètres), de l'Angleterre (220 mètres) et le Portlandien du Jura (100 mètres), du Boulonnais (75 mètres) et de l'Yonne 40 mètres).

Par *sa faune*, jusqu'ici à peu près inconnue, il peut être surtout mis en parallèle avec le Portlandien de l'est du bassin de Paris et du Jura (Yonne, 28 espèces communes, Haute-Marne et Meuse 23, Jura 38). Il renferme également un certain nombre d'espèces communes (25) avec le Boulonnais, l'Angleterre (12) et même le Hanovre (15).

En revanche les dépôts portlandiens des Charentes se différencient, d'une façon complète, de ceux des régions alpines et rhodaniennes caractérisés par des formes spéciales de Céphalopodes (*Phylloceras*) et de Brachiopodes (*Ter. moravica*, *Ter. janitor*).

La même différence existe entre le Portlandien de l'Espagne qui fait partie, comme celui des Alpes, de la province méditerranéenne.

Ainsi que les autres formations jurassiques de l'Aquitaine, le Portlandien de ce bassin se rattache d'une façon trop étroite, au point de vue de l'ensemble de sa faune, avec le Portlandien du bassin de Paris et du Jura, pour qu'on n'admette pas, comme on le fait ordinairement, *la communication de ces bassins jusqu'au milieu du Portlandien.*

Il se différencie cependant du Portlandien du bassin de Paris par la présence des Nérinées, ce qui le rapproche au contraire du Portlandien du Jura. M. de Grossouvre, qui a étudié une grande partie de la bordure jurassique du bassin de Paris et dont l'opinion est, par suite, très précieuse, ne voit aucune difficulté, aucune hypothèse hasardée dans la libre communication des mers portlandiennes du bassin de Paris et de l'Aquitaine par dessus le Poitou. La suppression de tous les lambeaux dont l'existence démontrerait cette liaison est facilement explicable par les érosions qui ont dû se produire durant l'émersion de la contrée. D'autre part, la différence très grande des faunes portlandiennes des Charentes et du sud de l'Angleterre, ne permet pas de supposer que la communication se soit faite par la Manche. Il faut donc admettre, en se basant sur les affinités fauniques, qui sont très grandes, *que les bassins de Paris et de l'Aquitaine ont communiqué jusqu'à la fin des temps jurassiques* (Portlandien moyen).

Il m'a paru que les trois termes du Portlandien étaient bien représentés et que le Purbeckien, d'abord saumâtre, puis marin, était l'équivalent du Purbeckien d'eau douce du Jura, des couches à *Cypris* et à *Trigonia gibbosa* du Boulonnais et de cet ensemble d'assises si curieuses, si variées et si fossilifères des Purbeck beds anglais.

Nota. — La carte ci-jointe ne représente que la grande bande portlandienne qui s'étend d'Angoulême à Saint-Jean d'Angely; les îlots des bords de l'Océan n'ont pas été figurés.

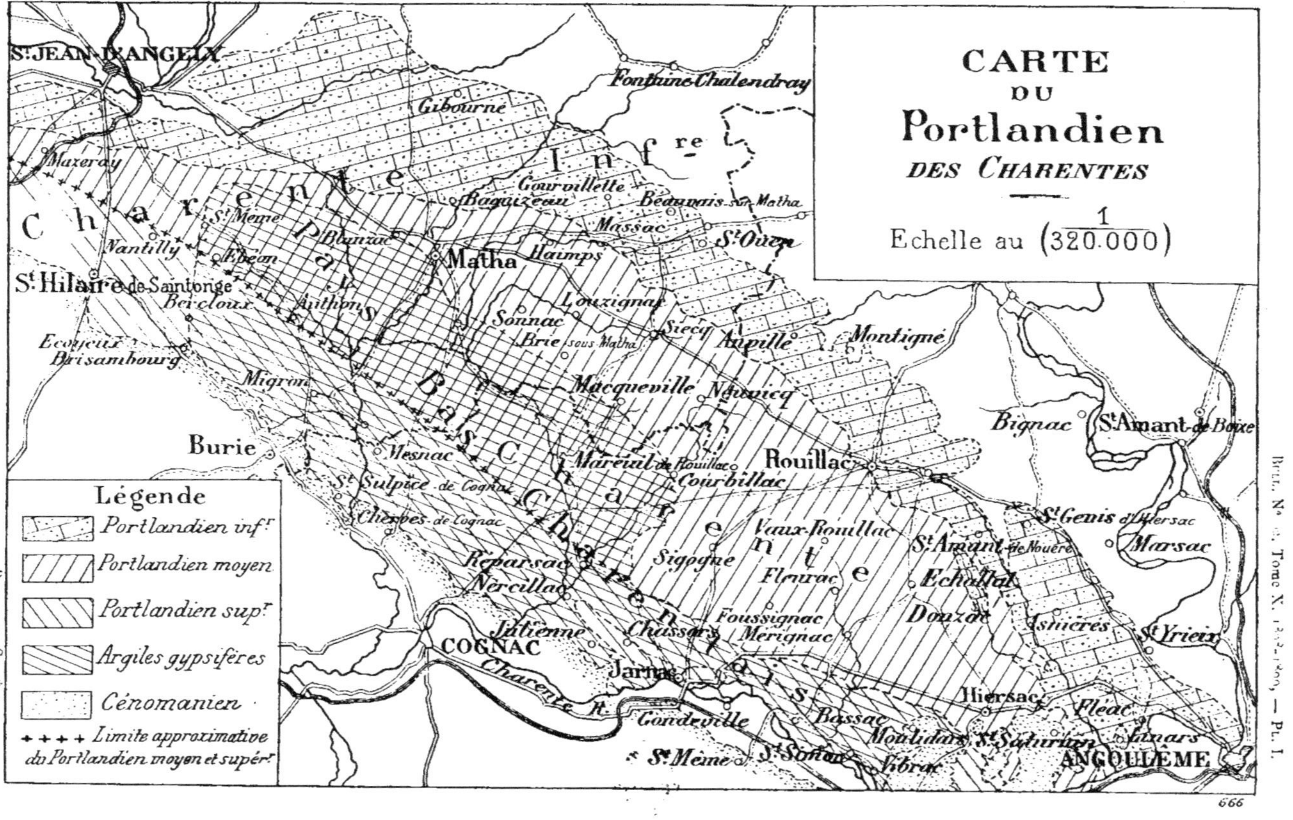

BAUDRY ET Cie, ÉDITEURS.

www.ingramcontent.com/pod-product-compliance
Ingram Content Group UK Ltd.
Pitfield, Milton Keynes, MK11 3LW, UK
UKHW022152170726
13837UKWH00004B/1945

9 782329 454559